U0382404

大疆

锐度影像生活馆　编著

DJI Mavic 3
无人机航拍实战宝典

人民邮电出版社

北京

图书在版编目（CIP）数据

大疆DJI Mavic 3无人机航拍实战宝典 / 锐度影像生活馆编著. -- 北京：人民邮电出版社，2024.7
ISBN 978-7-115-64348-3

Ⅰ. ①大… Ⅱ. ①锐… Ⅲ. ①无人驾驶飞机－航空摄影 Ⅳ. ①TB869

中国国家版本馆CIP数据核字(2024)第093478号

内 容 提 要

本书是一本实用的大疆DJI Mavic 3系列无人机系统拍摄教程。全书主要内容包括认识DJI Mavic 3系列无人机，DJI Mavic 3系列无人机操作流程，DJI Mavic 3系列无人机菜单设定与模拟飞行，DJI Mavic 3系列无人机摄影基本概念，DJI Mavic 3系列无人机航拍安全，航拍前的准备与注意事项，景别、光线与构图的应用，DJI Mavic 3系列无人机飞行与智能航拍实战，航拍运镜实战，城市风光与自然风光实拍，无人机延时摄影实战，利用手机App快速修图，用Adobe Premiere Pro剪辑航拍视频，航点飞行及D-Log M视频制作，等等。

本书内容细致、全面，并配以图片辅助讲解，旨在帮助读者提高航拍照片和视频的质量，创造出令人惊叹的影像作品。本书适合大疆DJI Mavic 3系列无人机的用户、刚接触无人机的摄影爱好者，以及有一定飞行经验的航拍摄影师等阅读和参考学习。

◆ 编　　著　锐度影像生活馆
　　责任编辑　张　贞
　　责任印制　周昇亮

◆ 人民邮电出版社出版发行　　北京市丰台区成寿寺路 11 号
　　邮编　100164　　电子邮件　315@ptpress.com.cn
　　网址　https://www.ptpress.com.cn
　　北京九天鸿程印刷有限责任公司印刷

◆ 开本：690×970　1/16
　　印张：15　　　　　　　　　2024 年 7 月第 1 版
　　字数：404 千字　　　　　　2024 年 7 月北京第 1 次印刷

定价：89.00 元

读者服务热线：**(010)81055296**　印装质量热线：**(010)81055316**
反盗版热线：**(010)81055315**
广告经营许可证：京东市监广登字 20170147 号

前言
INTRODUCTION

欢迎阅读 DJI Mavic 3 系列无人机的实拍与后期教程！ DJI Mavic 3 系列是大疆公司面向一般大众消费者推出的强大的集摄影与摄像于一体的无人机。该系列目前有 3 个主要的型号，分别为 DJI Mavic 3、DJI Mavic 3 Classic 和 DJI Mavic 3 Pro。

DJI Mavic 3 系列无人机具备强大的飞行和拍摄功能，为我们带来了全新的视角和体验。无论是风光优美的大自然、高楼林立的城市，还是其他场合，你都可以利用 DJI Mavic 3 系列无人机记录下难忘的瞬间，创造出令人惊叹的影像作品。

本书是针对该系列无人机推出的非常全面的飞行、摄影、摄像和后期教程，无论你是无人机初学者，还是有一定经验的飞手，本书都将帮助你更好地了解、操作 DJI Mavic 3 系列无人机，并掌握各种后期技巧。

在本书中，我们将从基础知识开始，逐步介绍 DJI Mavic 3 系列无人机的各项功能和操作技巧。我们会详细解释无人机的组装和起飞流程，介绍飞行控制和稳定技术的原理，并教授读者如何安全地飞行和拍摄。之后，本书详细介绍了摄影相关的基础知识，如景别、光线控制与构图相关的美学理论；讲解了视频运镜与智能飞行的技巧。最后，本书讲解了摄影后期与视频剪辑的技巧。

无人机飞行和拍摄是一项有趣又具有挑战性的活动，但同时也需要谨慎和负责任。在本书中，我们将强调安全意识和合规操作的重要性，教导大家如何遵守相关规定，确保飞行过程安全可靠。

我们相信，通过学习和实践，你将能够掌握 DJI Mavic 3 系列无人机的飞行和拍摄技巧，拍摄出精彩的照片和视频，并且掌握照片、视频后期处理的全方位技能。

目录
CONTENTS

第4章 DJI Mavic 3 系列无人机摄影基本概念

第5章 DJI Mavic 3 系列无人机航拍安全

第6章 / **航拍前的准备与注意事项**

第7章 / **景别、光线与构图的应用**

第8章　**DJI Mavic 3 系列无人机飞行与智能航拍实战**

第9章 / 航拍运镜实战

第10章 / 城市风光与自然风光实拍

第 11 章 / 无人机延时摄影实战

第 12 章 / 利用手机 App 快速修图

第 13 章 / 用 Adobe Premiere Pro 剪辑航拍视频

第14章 / 航点飞行及 D-Log M 视频制作

第 1 章

认识 DJI Mavic 3 系列无人机

本章将大致介绍 DJI Mavic 3 系列无人机（主要是 DJI Mavic 3/Classic/ Pro 三款机型）的一些先进性能，并讲解可拓展的 4G 模块的功能及使用技巧。

1.1 DJI Mavic 3/Classic/Pro 最主要的差别

大疆公司 2021 年 11 月发布 DJI Mavic 3，即标准版；于 2022 年 11 月发布 DJI Mavic 3 Classic，即青春版；2023 年 4 月底发布 DJI Mavic 3 Pro，即专业版。从而基本完成了我们通常所说的"御 3"系列无人机的布局。3 个不同版本的"御 3"无人机最大的差别在于摄像头的多少，而这也导致了售价的不同。

下面的 3 张图片分别展示出了 DJI Mavic 3 Classic、DJI Mavic 3 和 DJI Mavic 3 Pro 3 款无人机摄像头的外观。

DJI Mavic 3 Classic 为单摄像头配置

DJI Mavic 3 为双摄像头配置

DJI Mavic 3 Pro 为三摄像头配置，能够满足用户从广角端到长焦端对于卓越画质的追求

下面我们用一个表格来更详细地列出 DJI Mavic 3/Classic/Pro 3 款机型的主要差别。

DJI Mavic 3 系列 3 款机型主要差别		
	DJI Mavic 3	DJI Mavic 3 Classic	DJI Mavic 3 Pro
主摄	4/3 CMOS 哈苏相机 等效焦距 24 mm 光圈 f/2.8~f/11 2000 万像素 5.1K/50 帧 / 秒	4/3 CMOS 哈苏相机 等效焦距 24 mm 光圈 f/2.8~f/11 2000 万像素 5.1K/50 帧 / 秒	4/3 CMOS 哈苏相机 等效焦距 24 mm 光圈 f/2.8~f/11 2000 万像素 5.1K/50 帧 / 秒
中长焦	无	无	1/1.3 CMOS 中焦相机 等效焦距 70 mm 光圈 f/2.8 4800 万像素 4K/60 帧 / 秒
长焦	1/2 CMOS 长焦相机 等效焦距 162mm 光圈 f/4.4 1200 万像素 4K/50 帧 / 秒	无	1/2 CMOS 长焦相机 等效焦距 166mm 光圈 f/3.4 1200 万像素 4K/60 帧 / 秒
飞行时间	46min	46min	43min
避障	全向避障	全向避障	全向避障
起飞重量	895 g	895 g	958 g

1.2 三摄像头的强大拍摄能力

　　DJI Mavic 3 系列的主摄都是 4/3 英寸的 CMOS 哈苏相机，支持拍摄 12bit RAW 格式照片，可呈现令人过目难忘的影像细腻感。

Mavic 3 Pro 无人机主摄像头（哈苏相机，24mm 焦距）的拍摄效果

与 Mavic 3 和 Mavic 3 Classic 两款机型相比，Mavic 3 Pro 增加了一个中长焦段摄像头，可以在中焦段呈现更清晰、锐利的画质。同时，这个摄像头具备夜景视频功能，可在 70mm 焦段展现夜晚的璀璨光芒。

Mavic 3 Pro 无人机中长焦摄像头（70mm 焦距）的拍摄效果

Mavic 3 与 Mavic 3 Pro 均具有长焦相机镜头，可以呈现极远处更清晰的画质。不同的是，Mavic 3 Pro 的长焦相机镜头经过全新升级，具有更强的解析力；光圈增大至 f/3.4。借助长焦相机镜头，无人机可以将远景一键拉近，实现满目皆细节的拍摄效果。

Mavic 3 Pro 无人机长焦相机镜头（166mm 焦距）的拍摄效果

1.3　10bit D-Log M 色彩模式，提升视频品质

与摄影时拍摄 RAW 格式文件再进行全方位后期处理得到画质与色彩等更出众的效果一样，拍摄视频时，我们也可以拍摄 Log 模式，在后期对 Log 模式原片套用 LUT 预设或直接进行调整，得到画质与色彩更好的视频。

针对视频效果的优化，DJI Mavic 3 系列无人机可以使用新增的 10bit D-Log M 色彩模式，记录多达 10 亿种色彩。即使在日出和日落等大光比环境下，依然可以做到色彩过渡平滑细腻，画面观感舒适。记录下 10bit D-Log M 色彩模式的原视频后，用户可以登录大疆官网，进入下载中心，下载文件"DJI Mavic 3 D-Log to Rec.709 vivid LUT"，对视频套用 LUT 进行快速优化。

10bit D-Log M 色彩模式的原视频

套用 DJI Mavic 3 D-Log to Rec.709 vivid LUT 对 10bit D-Log M 色彩模式的原视频进行优化后的视频画面

1.4 HLG 模式，记录更多色彩与高光细节

在拍摄照片时，遇到超大光比的场景，我们可以借助 HDR 等模式来得到更大动态范围的画面，呈现高光或暗部足够丰富的细节。

对于 DJI Mavic 3 系列无人机来说，用户可以设定以 HLG 模式拍摄大光比场景的视频，从而记录下高光和暗部足够丰富的细节和色彩信息。

HLG 是 Hybrid Log Gamma 的首字母简写形式，是一种 HDR 效果。HLG 可以根据不同的显示设备，显示出不同程度的 HDR 效果，是一种具备自适应性能的 HDR。

在 HLG 模式下拍摄的高光和暗部细节足够丰富的视频画面

1.5 高级智能返航模式

　　高级智能返航功能是 DJI Mavic 3 系列无人机非常大的一个特色。这个功能可以让无人机在返航时自动寻找快速又安全的返航路线。在返航过程中，无人机会轻松绕开返航路径上的障碍物，并随着返航逐渐下降高度。使用这一功能，可以省去返航前要上升到一定高度所带来的电量损耗，更快、更省电地实现返航。

　　需要注意的是，在光线微弱场景中，这一功能的效果会打折扣，甚至可能失效。

高级智能返航模式的返航示意图

1.6 4K 60fps 兼顾高像素与高捕捉能力

我们在拍摄高速运动对象的视频时，如果要让拍摄对象的每一个动作都非常清晰，往往需要设定高帧频。比如，60 fps（即 60 帧 / 秒）或 120fps 等。这样做还有一个好处，即后期可以对视频进行升格，也就是以慢速度播放，仍然能够确保得到非常流畅、丝滑的画面。但以高帧频拍摄也会产生不利影响，就是会导致处理器的负荷变高，很难再以高像素进行拍摄了。

DJI Mavic 3 系列无人机可以在设定较高帧频的同时使用 4K 分辨率进行拍摄，即能够拍摄 4K 60fps 的高质量视频，确保我们能够捕捉到运动对象每一帧精彩的画面。

DJI Mavic 3 系列无人机拍摄 4K 60fps 高质量视频的截图 1

DJI Mavic 3 系列无人机拍摄 4K 60fps 高质量视频的截图 2

1.7　航点飞行，让创意无限

　　DJI Mavic 3 系列无人机提供了一项非常特殊的航点飞行功能，使用这项功能在不同时间段拍摄两段飞行路线及取景视角等完全相同的视频素材，最后在软件中合成这两段素材，可以在非常短的一段视频中呈现出瞬间的光影流转，如日转夜、夜转日等效果，非常有创意。

　　有关航点飞行功能的具体使用方法我们将在第 8 章和第 14 章中详细介绍。

航点飞行后，最终制作的视频画面 1

航点飞行后，最终制作的视频画面 2

1.8 手机快传，实时获取数据

无人机拍摄的图像与视频是存储在机身内置的存储卡内的，在 RC 控制器内只能看到小尺寸的预览内容。如果用户想要实时查看更精细画质的影像，可以使用手机快传功能将无人机拍摄的影像传输到手机内进行查看。

方法 1： 本方法适应于 RC 控制器。打开无人机电源，在起飞之前，开启手机的 Wi-Fi 和蓝牙功能，安卓手机要开启定位功能，打开 DJI FLY，系统会自动弹出无人机连接对话框，点击连接，连接成功后即可访问无人机相册，再将照片或视频导入手机就可以了。

方法 2： 本方法适应于 RC-N1 控制器。安装手机到 RC-N1 控制器后，打开无人机，确保无人机尚未起飞；开启手机的 Wi-Fi 和蓝牙功能，安卓手机要开启定位功能，打开 DJI FLY，进入回放相册，点击右上角的手机快传图标，就可以实现照片或视频的高速下载。

1.9 拓展功能，4G 模块的使用

大疆无人机比较常规的控制方式是地面控制器与天空的无人机进航点对点的信息传输，这会存在一个比较明显的问题，即控制器与无人机之间有建筑、山体等遮挡物时，信号会变弱或中断。如果在建筑较多的城市中飞行，那么信号传输的问题就会比较明显。为解决这个问题，DJI Mavic 3 系列无人机可以使用增强图传功能，即搭配 DJI Cellular 模块（也就是我们通常所说的 4G 模块）进行飞行控制。

使用 Mavic 3 系列无人机的 4G 模块，要准备 2 张手机（Nano）SIM 卡，一张插入 4G 模块的天空端，将天空端固定到无人机上，并通过信号线连接；另一张 SIM 卡要装入控制器端模块，之后装入 RC Pro 控制器。

将两张 SIM 卡通过 4G 信号连接，这样，当原有信号受遮挡或干扰时，控制器仍可借助 4G 网络操控无人机，降低断开连接的概率。

1.9.1 器材安装操作

在 4G 模块天空端插入（Nano）SIM 卡

将 4G 模块天空端插入支架

将天空端支架固定到无人机上，
并将 4G 模块天空端通过信号线与无人机连接

在 4G 模块控制器端插入（Nano）SIM 卡

用螺丝刀拆下控制器底面舱盖

将控制器端模块插入底面仓内，并连接信号线

将控制器端模块装好

盖好底面舱盖，并拧上螺丝

1.9.2　App 操作

　　Mavic 3 系列无人机可以在 RC Pro 遥控器上安装 DJI Pilot 2 App 来实现 4G 模块的控制。安装好 4G 模块并连接好信号线之后，开启无人机与控制器，两者可以通过 4G 网络建立连接。这时，在 DJI Pilot 2 App 开启增强图传后即可使用 4G 模块了。

　　要注意的是，第一次使用 4G 模块需要实名认证，输入手机号并获取验证码即可进行验证。

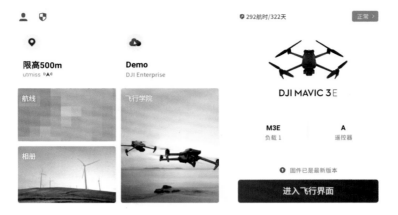

DJI Pilot 2 App 界面

飞前检查

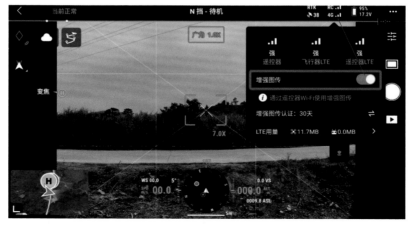

点击 4G 信号图标，设置开启"增强图传"，也就是 4G 模块功能

点击界面右上角的设置按钮，在打开的界面中点击左侧的图传设置按钮，在打开的界面中同样开启
"增强图传"功能

实名认证通过后，就可以开始使用 4G 模块了

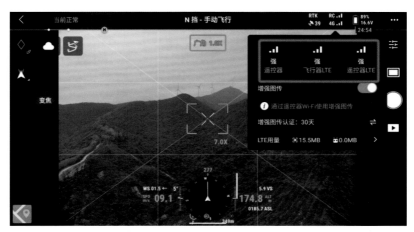

在飞行过程中，可以点开 4G 信号标记，查看图传信号的强度

DJI Mavic 3 系列无人机操作流程

操作无人机飞行是一项看似简单实则复杂的事情，这其中包含了许多细节和要点，并不是飞起来简单拍照就行了。

本章围绕飞行前期的注意事项以及实际操作中需要掌握的知识点进行讲解。通过阅读和学习本章的内容，相信大家会对 DJI Mavic 3 系列无人机的操作会更加熟悉，从而向着一名优秀航拍摄影师的目标更进一步。

2.1 无人机的部件组成

2.1.1 无人机

下图为 DJI Mavic 3 Pro 无人机飞行器示意图，其各部件及按钮的名称与大致功能如下所述。

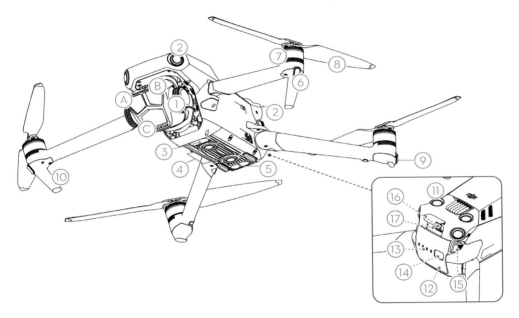

无人机示意图

① 一体式云台相机　A. 长焦相机　B. 中长焦相机　C. 哈苏相机　② 水平全向视觉系统　③ 补光灯　④ 下视视觉系统　⑤ 红外传感系统　⑥ 机头指示灯　⑦ 电机　⑧ 螺旋桨　⑨ 无人机指示灯　⑩ 脚架（内含天线）　⑪ 上视视觉系统　⑫ 智能飞行电池　⑬ 电池电量指示灯　⑭ 电池开关　⑮ 电池卡扣　⑯ 充电 / 调参接口（USB Type-C）　⑰ 相机 microSD 卡槽

下面我们详细介绍 DJI Mavic 3 Pro 无人机的部分部件。

1. 螺旋桨

无人机设备共有 4 副螺旋桨，其中 2 副为正桨，俯视时螺旋桨会沿逆时针方向旋转；另外 2 副为反桨，俯视时螺旋桨会沿顺时针方向旋转。

桨叶外形采用两两相对的设计，可以通过外观进行区分。桨叶的材质有塑料、轻木、碳纤维等，其中最常见的是塑料桨叶。在使用无人机之前要多加留意，如果桨叶出现破损和裂痕需及时更换，否则会有"炸机"隐患。

旋翼无人机的正反桨叶

2. 无人机机臂

机臂是无人机搭载电机的部件，多旋翼无人机机臂又称旋翼轴，有几个旋翼轴就代表是几旋翼无人机。在使用过程中需要注意，如果是折叠式机臂无人机，需要确认机臂连接处是否达到正确的限位，如果是卡扣式机臂无人机，则需要确认卡扣是否紧固，避免出现机臂位置不准确或卡扣松动造成飞机掉落的危险情况。

无人机机臂

3. 无人机云台相机

云台相机由云台和镜头这两个部件组成。

云台是连接机身和镜头的部件，它的主要作用是让镜头画面变得稳定。常见的云台分为两轴稳定云台和三轴稳定云台，前者在 x 和 y 轴对镜头增稳，实现水平（左右）和俯仰（上下）动作稳定，后者则是在 x、y、z 轴 3 个维度让镜头保持稳定，实现水平（左右）、俯仰（上下）、航向（水平平移）动作稳定，因此后者的增稳效果会更好一些。

镜头是整个航拍无人机的关键核心，它的成像效果好坏直接关系到了这款无人机的定位和价格。

DJI Mavic 3 Pro 的两轴云台和镜头

4. 无人机前视避障

随着无人机技术的日渐成熟，无人机在空中的安全性能也是开发工程师最关注的问题。近些年推出的款式中，开始不断地加入和升级避障模块，使无人机在飞行过程中可以有效地避免许多不必要的碰撞危险。

DJI Mavic 3 Pro 具备前、后、下 3 个方向的避障功能，在检测到障碍物时会根据预设的避障距离悬停，避免撞向障碍物。不过，光滑的玻璃、高压线及斜拉线、树枝、风筝线等物体在飞行过程中是不能通过避障模块进行规避的。所以避障功能并不是万能的，在飞行时还需要通过用户经验的积累去更好地规避风险。

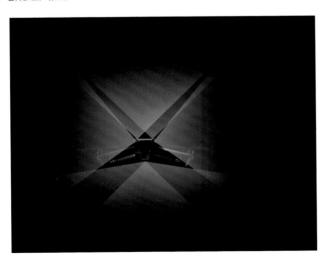

DJI Mavic 3 Pro 的三向避障示意图

5. 无人机机身

机身（也称为无人机）是无人机的主体，是连接搭载各个感知设备、动力系统、飞控系统的中心部件。机身多采用塑料材质来减轻无人机自身的重量以获得更长的续航时间。一体化的设计也使机身具有更好的流线外观和气动性，对于飞行也有相应的提升。

DJI Mavic 3 Pro 一体化的机身设计

2.1.2 电池与充电器

1. 电池

无人机电池是给整个无人机动力系统及飞控系统提供电力的部件。目前无人机的电池基本都具备智能充放电功能，电池在满电或电量大于储存模式电压的状态下，空闲放置时间超过最大储存时间（一般可设置为 3~10 天），电池就会自动放电至储存电压，该功能可以很好地延长电池寿命。如果电池一直满电存放不使用、不放电的话，电池可能会鼓包，从而导致故障。

DJI Mavic 3 Pro 无人机的电池

2. 电池管家

适配于 DJI Mavic 3 系列无人机的电池管家可同时为遥控器和三块电池依次充电，也可充当移动电源给遥控器或手机等设备充电，还能收纳电池，方便携带。

装载了两块电池的电池管家

2.1.3　认识遥控器与操作杆

航拍无人机的飞行动作和拍摄功能都是通过操控遥控器实现的。在遥控器上，我们可以操作无人机的起飞、降落、悬停、升高、降低、转向、前进后退等动作，也可以控制拍照录像、查看地图、查看飞机信息等。

一般来说，无人机配套的遥控器有带屏遥控器和普通遥控器两种。

带屏遥控器 RC Pro

普通遥控器 RC-N1

在学习遥控器的操控之前，我们先要了解一下遥控器的外观和按键，以及各个摇杆和按键的功能。

1. 带屏遥控器

以 DJI RC Pro 遥控器为例，这款遥控器带有彩色高清显示屏，可适配 DJI Mavic 3 无人机。

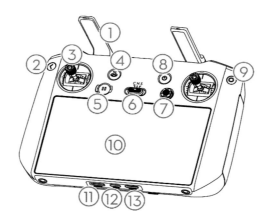

DJI RC Pro 遥控器示意图 1

① 天线：传输遥控器与无人机之间的控制信号及图传无线通信信号。

② 返回按键 / 系统功能按键：单击返回上一级界面，双击返回系统首页，使用返回按键和其他按键组成组合键，可在遥控器组合键功能章节查看详细说明。

③ 摇杆：控制无人机飞行，在 DJI FLY App 中可设置摇杆操控方式。可拆卸设计的摇杆，便于收纳。

④ 智能返航按键：长按可启动无人机智能返航，再短按一次取消智能返航。

⑤ 急停按键：短按可使无人机紧急刹车并原地悬停（GNSS 或视觉系统生效时）。

⑥ 飞行挡位切换开关：用于切换飞行挡位，分别为平（Cine）、普通（Normal）与运动（Sport）。

⑦ 五维按键：可在 DJI FLY App 中查看五维按键默认功能。查看路径为相机界面—系统设置—操控—控器自定义按键，也可在 DJI FLY App 中自定义五维按键功能。

⑧ 电源按键：短按查看遥控器电量；短按 1 秒，再长按 2 秒开启 / 关闭遥控器电源。当开启遥控器时，短按可切换息屏或亮屏状态。

⑨ 确认按键，自定义功能按键 C3：选择确认。进入 DJI FLY App 后，该按键暂不具备功能，可在 DJI FLY App 相机界面—系统设置—操控—遥控器自定义按键页面设置为其他功能。

⑩ 触摸显示屏：点击屏幕进行操作。使用时请注意为屏幕防水（如下雨天时避免雨水落到屏幕），以免进水导致屏幕损坏。

⑪ microSD 卡槽：可插入 microSD 卡。

⑫ 充电 / 调参接口 （USB-C）：用于遥控器充电或连接遥控器至电脑。

⑬ Mavic HDMI 接口：输出 HDMI 信号至 HDMI 显示器。

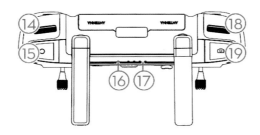

DJI RC Pro 遥控器示意图 2

⑭ 云台俯仰控制拨轮：拨动调节云台俯仰角度。

⑮ 录像按键：开始或停止录像。

⑯ 状态指示灯：显示遥控器的系统状态。

⑰ 电量指示灯：显示当前遥控器电池电量。

⑱ 对焦 / 拍照按键：半按可进行自动对焦，全按可拍摄照片。在录像模式时，短按返回拍照模式。

⑲ 相机设置拨轮：默认控制相机平滑变焦。可在 DJI FLY App 相机界面—系统设置—操控—遥控器自定按键页面设置为其他功能。

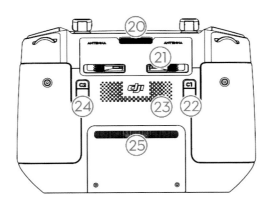

DJI RC Pro 遥控器示意图 3

⑳ 出风口：帮助遥控器进行散热。使用时请勿遮挡出风口。

㉑ 摇杆收纳槽：用于放置摇杆。

㉒ 自定义功能按键 C1：默认云台回中 / 朝下切换功能。可在 DJI FLY App 相机界面—系统设置—操控—遥控器自定义按键页面设置为其他功能。

㉓ 扬声器：输出声音。

㉔ 自定义功能按键 C2：默认为补光灯开关功能。可在 DJI FLY App 相机界面—系统设置—操控—遥控器自定义按键页面设置为其他功能。

㉕ 入风口：帮助遥控器散热。使用时请勿遮挡入风口。

2. 普通遥控器

以 DJI RC-N1 遥控器为例，它与带屏遥控器功能相似，最主要的区别就是没有高清显示屏，需要额外连接手机充当屏幕。

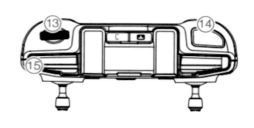

DJI RC-N1 遥控器示意图 1　　　　　　　　　　　DJI RC-N1 遥控器示意图 2

① 电源按键：遥控器的开关键。短按 1 秒并长按 3 秒开机，关机的方式相同。短按电源键也可切换屏幕的亮屏和息屏。

② 飞行挡位切换开关：控制 C、N、S 3 个挡位的切换，3 个字母分别对应平稳（Cine）、普通（Normal）、运动（Sport）3 个模式。

③ 急停按键：短按 1 秒可使无人机急停刹车并悬停。在执行航线任务中，也可按此按键暂停航线任务（GNSS 或视觉系统生效时可执行）。

④ 电量显示灯：用于显示当前电量。

⑤ 摇杆：摇杆为可拆卸设计，负责操控无人机飞行动作。DJI FLY App 中可设置摇杆遥控方式。

⑥ 自定义按键：可通过 DJI FLY App 设置该按键功能。默认设置为：单击控制补光灯开关、双击使云台回中或朝下。

⑦ 拍照 / 录像切换按键：短按一次切换拍照或录像模式。

⑧ 遥控器转接线：分别连接移动设备接口与遥控器图传接口，实现图像和数据的传输。转接线接口可根据移动设备接口类型自动更换。

⑨ 移动设备支架：用于放置移动设备。

⑩ 天线：传输无人机控制和图像无线信号。

⑪ 充电 / 调参接口（USB—C）：用于遥控器的充电和调参。

⑫ 摇杆收纳槽：用于放置摇杆。

⑬ 云台俯仰控制拨轮：用于调整云台俯仰角度。按住自定义按键并转动云台俯仰控制拨轮可

在"探索模式"下调节变焦。

　　⑭ 拍摄按键：短按拍照或录像。

　　⑮ 移动设备凹槽：用于固定移动设备。

2.1.4　摇杆控制方式

　　遥控器摇杆的功能很重要，它负责控制无人机的起飞降落，以及在空中的动作。无人机之所以能够实现起飞、降落、前进、后退、向左移动、向右移动和旋转等，都是通过控制遥控器的两个摇杆来实现的。

　　常用的几种摇杆模式有美国手、日本手、中国手和欧洲手，这 4 种模式的区别在于左右两个摇杆的功能不同。其中美国手是目前使用人数最多的摇杆模式。

　　"美国手"模式下，上下拨动左侧摇杆可以控制无人机的上升和下降；左右拨动左侧摇杆可以控制无人机机头的左转和右转，也就是航向角的左转和右转；上下拨动右侧摇杆可以控制无人机在平面空间前进和后退；左右拨动右侧摇杆可以控制无人机在平面空间左移和右移。

"美国手"操作方法

　　"日本手""中国手"摇杆模式的操作方式可详见下面两图。

"日本手"操作方法

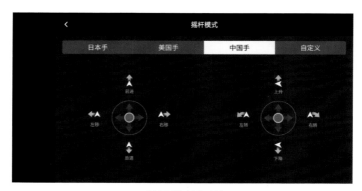

"中国手"操作方法

在"自定义"摇杆模式下，用户可以根据自己的习惯和喜好来设置摇杆所对应的无人机操作方式，具体如下面两图所示。

"自定义"摇杆模式界面1

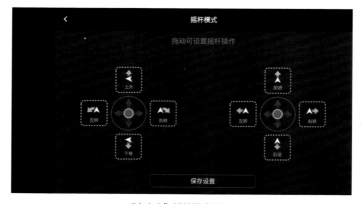

"自定义"摇杆模式界面2

我们不难看出，在操控无人机的时候，大多数飞行动作都需要通过同时操作两个摇杆来实现。也就是说，需要左手和右手同时一起操作才行，只有多多练习两只手的配合，才能熟能生巧。控制摇杆是一项技术活，哪怕在操控摇杆的过程中稍微用力了一点，飞行动作的精确度都会下降。

2.2　下载 App，激活无人机

无论何种品牌、何种型号的无人机，使用前都需要先激活，也都会遇到固件升级的问题。升级固件可以帮助无人机修复漏洞，提升飞行安全性能。

这里以大疆 RC-N1 这款标配遥控器为例，演示下载 DJI FLY App 和激活无人机进行固件升级的步骤。

DJI FLY 是大疆开发的 App，它是一款用来操控大疆无人机的飞行软件。

如果你使用的是不带屏幕的大疆普通遥控器，如 DJI RC-N1，则需要在手机应用商城里搜索并下载 DJI FLY App，将手机和遥控器连接，让手机屏幕充当遥控器屏幕。

如果你使用的是大疆带屏遥控器，如 DJI RC、DJI RC 2 或 DJI RC PRO，则可以直接在遥控器上打开 DJI FLY App。

App 下载完成后，在手机上打开 DJI FLY App，进入登录界面，输入账号和密码。

DJI FLY App 登录界面

登录后的主界面如下页图所示。点击界面右下角的"连接引导"按钮，可以查看各机型的遥控器如何连接。

DJI FLY 主界面

对于 DJI RC-N1 来说，首先要给电池和遥控器充电，然后，将充满电的电池装入无人机中。之后，将控制器安装好，并装上手机。拔出遥控器转接线，连接手机。

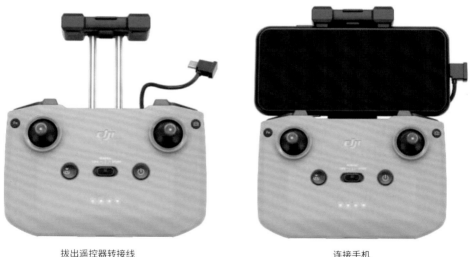

拔出遥控器转接线　　　　　　　　　　　　　　　连接手机

完成以上几步后，即可开始激活无人机并固件升级。

打开 DJI FLY App，根据屏幕上的指示完成激活操作。

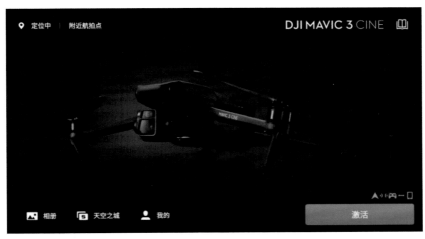

点击激活按钮，然后根据提示进行操作即可将无人机激活

2.3　DJI Mavic 3 系列无人机的固件升级

当屏幕左上角出现固件升级提醒时，点击该提醒右侧的蓝色"更新"按钮，会开始自动更新。在升级过程中注意不要断电或退出 App，否则可能导致无人机系统崩溃。尽量让遥控器和无人机的电量保持在 3 格以上，手机电量保持在 50% 以上。

点击"更新"字样

固件更新成功后会有提示。

DJI Mavic 3 V00.05.0204 372.08MB

更新成功

固件更新成功界面

完成无人机激活和固件升级后，就可以开始使用无人机了。

2.4 对频：无人机与遥控器的配对

如果是新购入的 DJI Mavic 3 Pro 无人机，那么遥控器与无人机呈套装形式，产品出厂时已完成配对，开机激活后可直接使用。

如果是单独购买的无人机或遥控器，那么就需要重新将无人机和遥控器进行对频，即速成的配对，具体操作如下。

打开控制器后，点击 DJI FLY App 右下角的"连接引导"，进入无人机选择界面，选择 DJI Mavic 3 Pro，跟随页面指示进行配对。

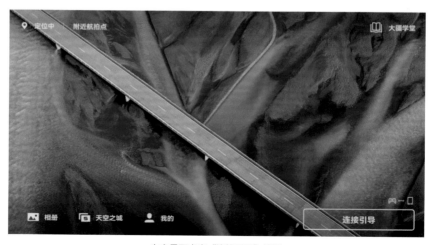

在主界面点击"连接引导"按钮

在无人机选择界面选择 DJI Mavic 3 Pro

之后系统开始扫描无人机

当遥控器发出提示音，且遥控器电量指示灯呈现跑动状态时，即可开始配对。

长按无人机电池开关约 4 秒，听到提示音后松开，无人机电源指示灯进入跑动状态，无人机开始配对，当遥控器提示音停止，遥控器电量指示灯和无人机电源指示灯均停止跑动，App 显示图传画面，即表示配对成功。（具体设置时，可按 App 界面提示操作。）

点击"配对"按钮

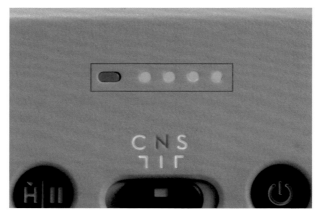

遥控器电源指示灯进入跑动状态

长按无人机电池开关约 4 秒，之后指示灯同样进入跑动状态

遥控器显示图传画面，表示配对成功

第 3 章

DJI Mavic 3 系列无人机菜单设定与模拟飞行

本章将对 DJI Mavic 3 系列无人机起飞前的菜单设定进行详细讲解（以 DJI Mavic 3 为例），之后通过大疆提供的模拟飞行功能进行练习。

3.1 界面功能分布

在手机上打开 DJI FLY App，主界面如下图所示。

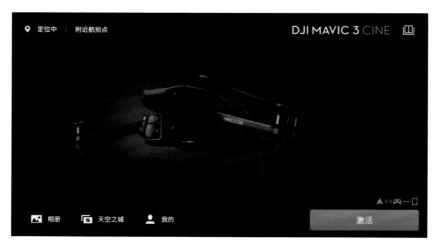

DJI FLY App 主界面

DJI FLY App 主界面左上角显示的是当前位置信息及"附近航拍点"功能按钮。该功能对航拍位置的选择有着非常好的参考价值，建议平时多打开看一下。

点击"附近航拍点"功能按钮，会显示周边的推荐航拍点，这些位置都是由其他航拍用户拍摄并上传的。

"附近航拍点"功能

主界面右上角是"大疆学堂"功能按钮。

点击"大疆学堂"按钮📖，选择你自己的无人机型号，系统会推荐相应的教程供学习参考。

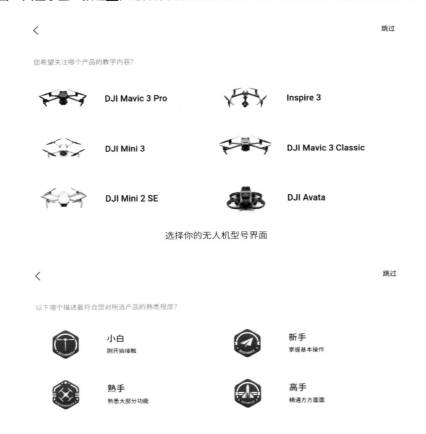

选择你的无人机型号界面

根据自己的无人机使用经验选择不同深度的教程

界面左下角的三个图标分别是"相册""天空之城"和"我的"功能按钮。

点击"相册"按钮，可以看到航拍的照片和视频。

"相册"界面

点击"天空之城"按钮，可以登录天空之城社区，查看与航拍相关的内容。使用天空之城社区功能，需要提前注册，大疆用户可以直接使用大疆账号登录。

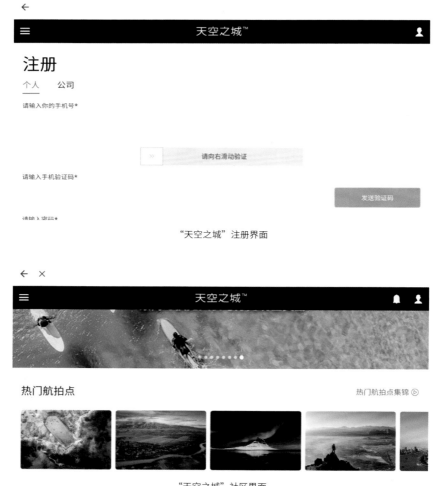

"天空之城"注册界面

"天空之城"社区界面

点击"我的"按钮，可以登录自己的大疆账号，登录后可记录飞行时长、飞行距离等信息。在"我的"界面中，可以看到右侧的信息栏中有"论坛""商城""找飞机""设置"和"服务与支持"选项，查看论坛信息、进入大疆商城、寻找无人机信号源、咨询线上售后服务中心和设置参数。

点击主界面右下角的"GO FLY"功能按钮可登录飞行界面。在购买无人机时是默认对过频的（无人机和遥控器信号绑定成为对频），如果你需要更换操作其他设备，则要解除对频，点击"连接指导"，选择 App 适配的无人机款式进行对频。将遥控器开机，通过数据线连接手机和遥控器，并按照屏幕上的连接指导进行操作即可。

"我的"界面

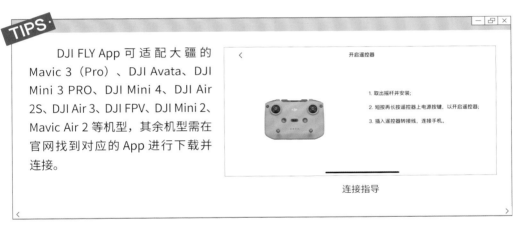

TIPS·

DJI FLY App 可适配大疆的 Mavic 3（Pro）、DJI Avata、DJI Mini 3 PRO、DJI Mini 4、DJI Air 2S、DJI Air 3、DJI FPV、DJI Mini 2、Mavic Air 2 等机型，其余机型需在官网找到对应的 App 进行下载并连接。

连接指导

连接成功后，打开 App，进入飞机操作界面。此界面是我们操控无人机最常用的界面。

App 飞行操作界面

1. 飞行挡位：这里显示飞机目前的飞行挡位信息。

2. 无人机状态显示栏：显示无人机目前的状态以及各种警示信息。例如软件版本需要升级更新时，就会在状态显示栏里显示，点击可查看。再或是无人机在飞行过程中遇到大风的情况时，状态显示栏会显示风大危险的提示信息，提示用户注意无人机设备安全。

3. 从左至右分别是电池剩余电量百分比、剩余可飞行时间（参考）、图传信号强度、视觉系统状态、GNSS 状态 5 个信息内容。

- 电池剩余百分比显示目前飞机剩余的电池电量的百分比数值，在飞行无人机的时候需参考无人机距离返航点的高度和位置，合理安排电量使用。

- 剩余可飞行时间（参考）显示当前电量预计剩余可飞行的时间。

- 图传信号强度显示当前图传信号的强度，以柱状图的形式呈现，在我们操作无人机时，需保持图传信号良好，如果图传信号差或中断的话，遥控器影像也会卡顿或中断。

- 视觉系统状态显示无人机避障的情况，如有障碍物临近无人机，会有对应位置的避障模块进行报警提醒。

- GNSS 状态显示的是无人机搜集卫星的颗数，数量越多无人机定位越稳定，数量越少则代表定位信号差，无法刷新无人机实时位置，无法确定起飞点和降落点。

4. 系统设置：里面包含"安全""操控""拍摄""图传"和"关于"页面后续我们将详细讲解系统设置里的功能应用。

5. 自动起飞 / 降落 / 返航：点击展开操作面板，可以选择让无人机自动起飞、降落和执行自动返航功能。

6. 地图：可点击切换不同大小的界面，放大或缩小飞行地图。

7. 飞行状态参数："D xx m"显示的是无人机与返航点水平方向的距离，"H xx m"显示的是无人机与返航点垂直方向的距离，左侧"xx m/s"显示的是无人机在水平方向上的飞行速度，右侧"xx m/s"显示的是无人机在垂直方向的飞行速度。

8. 从上而下分别是拍摄模式、拍摄按键、回放。拍摄模式中包含录像、拍照、大师镜头、一键短片、延时摄影、全景等功能，后续我们将针对性地进行讲解。点击拍摄按钮可触发相机拍摄的开始 / 结束。点击回放按钮可查看已拍摄的视频及照片。

9. 相机挡位切换：拍照模式下，支持切换 Auto 和 Pro 挡，不同挡位下可设置不同参数数值。

10. 航点功能：点击该图标可进入航点飞行功能设定界面。关于航点飞行的使用方法，后续我们将详细介绍。

熟悉主界面的功能选项以后，就可以开始进行系统的设置了。系统设置几乎包含了所有需要调节的参数和功能。点击"系统设置"按钮，打开系统设置界面，可以看到"安全""操控""拍摄""图传"和"关于"五大菜单。

3.1.1　安全菜单

安全菜单包括"辅助飞行""虚拟护栏""传感器状态""电池""补光灯""前机臂灯""飞行解禁""找飞机"及"安全高级设置"等。

在"辅助飞行"菜单下，"避障行为"模式可设置无人机遇到障碍物时是选择绕行、刹停还是不做动作，这里建议选择"刹停"选项。"显示雷达图"根据需要打开或关闭即可。

如果你是刚开始练习无人机飞行的新手，建议打开该功能。

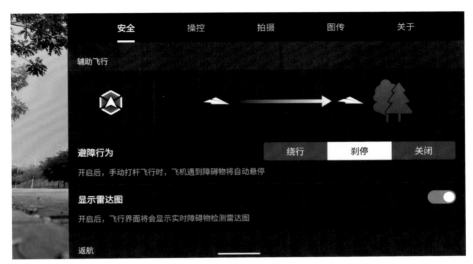

"辅助飞行"功能设定

"返航路线"菜单下，可以设置返航路线或设定返航高度。如果设定了"最佳路线"，飞机可以自行选择更快的返航路线（即边向起飞点飞行边下降）；但如果现场光线不足，则自动切换为设定高度返航模式。

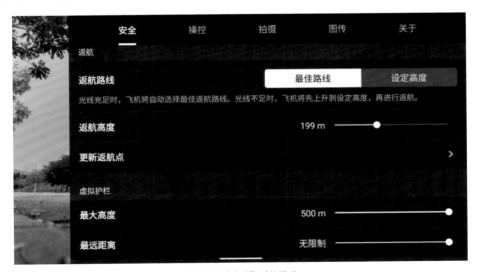

设定"最佳路线"返航模式

"设定高度"返航模式后，返航时无人机会上升到设定高度，然后再平飞到起飞点，垂直降落。如果无人机当前高度高于返航高度，则直接平飞，之后垂直下降。

返航高度的设置需根据当地实际情况来调整，例如城市区域需将返航高度设置在 150 米甚至更高，避免返航过程中撞到障碍物。在飞行前建议查看一遍这些数据，避免之前设置错误数值影响本次飞行。

设定以"设定高度"返航的模式，此处设定的返航高度为 200m

至于"更新返航点"功能，不建议大家调整，因为从地图来判断返航点，风险还是比较大的。

"更新返航点"操作

"虚拟护栏"又称电子围栏，可以设置无人机的最大飞行高度、最远飞行距离和返航高度。"最大高度"和"最远距离"根据自己需求来进行设置即可，设置好数值后无人机将无法超过这个数值距离，可以避免无人机在失控情况下飞向很远的地方，从而飞丢。

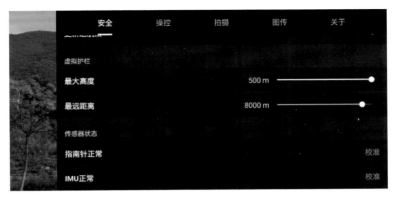

"虚拟护栏"功能设定

"传感器状态"显示指南针和 IMU 的状态是否正常，如有问题，例如指南针需校准的情况，点击"校准"按钮，根据图像提示进行校准即可，成功后会有提示。

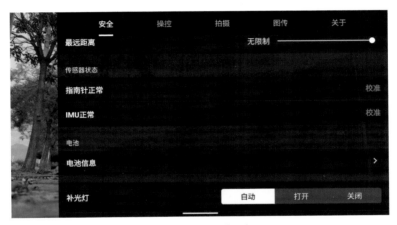

"传感器状态"功能设定

设定指南针校准后，用户只要根据提示进行操作，即可校准指南针。

"指南针校准"界面

设定 IMU 校准后，同样是根据提示，逐步进行操作即可。

"IMU 校准"界面

使用"电池信息"功能可以查看当前电池的具体信息，包括电池电压、电池温度、电芯状态及电池循环次数等。

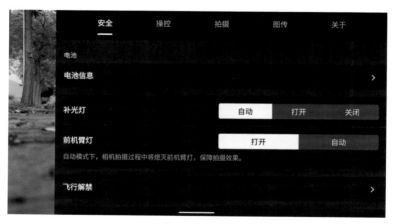

"电池信息"选项

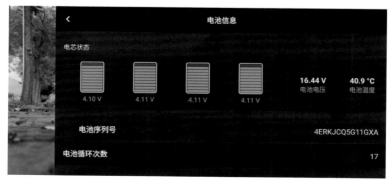

"电池信息"界面

"补光灯"及"前机臂灯"这两个功能，建议设定为自动，这样无人机会根据现场的实际情况来选择打开或关闭。在光线较弱时，也可以直接将他们设定为打开状态，除辅助拍摄外，还可以帮助我们观察天空中无人机的位置。

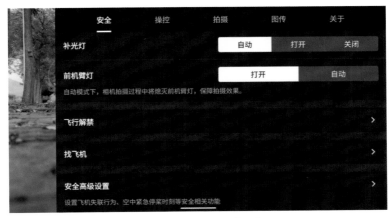

"补光灯"与"前机臂灯"功能

使用"飞行解禁"功能可以根据飞行需要提交解禁申请，具体根据现场情况来按步骤操作即可。

"找飞机"功能可以帮助我们在地图模式寻找丢失信号的无人机。使用这个功能的前提条件是无人机的供电正常，如果无人机处于断电或没电的状态，电池摔出电池仓，或是无人机掉入水中，则无法使用此功能。

无人机信号丢失后，利用此功能借助 GPS 定位寻找飞机，点击"启动闪灯鸣叫"后，无人机会发出闪灯和蜂鸣声，以方便我们寻找。如果在信号较差区域丢失，也可能会因 GPS 卫星信号差的原因无法定位飞机。

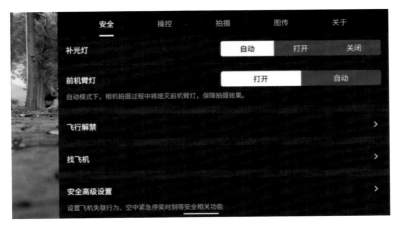

"飞行解禁"与"找飞机"功能

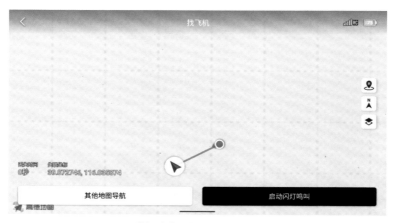

"找飞机"功能的地图显示界面

　　"安全高级设置"功能可以设置飞机失联行为和空中紧急停桨。建议将无人机失联行为设置成"返航"模式，万一无人机在飞行过程中丢失了信号，还有很大可能性会自己飞回起飞的位置。

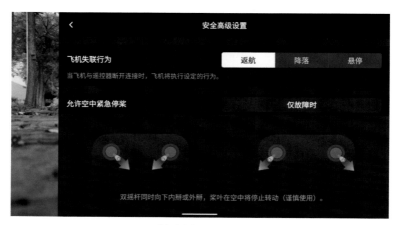

"安全高级设置"界面

3.1.2　"操控"菜单

　　"操控"菜单包括"飞机""云台"和"遥控器"的设置。

　　里程单位默认选择"公制（m）"即可，毕竟大多数国内用户都习惯使用这一里程单位。

　　"目标扫描"用于扫描一些拍摄点，但实际上对于摄影或摄像创作，我们还是应该根据自己的需求和创意来选择拍摄目标。

　　"操控手感设置"主要用于设置手柄控制无人机飞行时的速度及灵敏度，不同挡位下有不同的速度设置，平稳挡的默认速度比较慢，而运动挡的默认速度是最高的。

　　我们可以根据自己的习惯来微调各种速度和灵敏度。需要说明的是，如果各种速度调的幅度比较大，基本上就相当于切换了挡位。

"操控"设置界面

"平稳挡"的速度设定

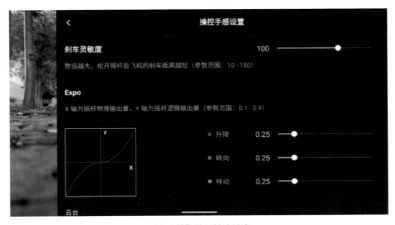

"平稳挡"的灵敏度设定

切换到运动挡，可以看到各种速度基本都是最高的。而如果在平稳挡上，把速度提到最大，就相当于切换到"运动挡"了。

"运动挡"的速度设定

"云台模式"要选择"跟随模式"，设定这种模式后，无人机飞行时，云台会处于水平状态。

"云台模式"设定

向下滑动操控界面，点击"云台校准"可以选择手动或自动校准。

点击"摇杆模式"可以选择"美国手""日本手""中国手"或"自定义"模式。

继续向下滑动操控界面，可以设置"遥控器自定义按键""遥控器校准"。其中，遥控器校准是对遥控器进行校准，一般不需要用到此功能。

"云台校准"界面

"云台校准"操作

"摇杆模式""遥控器自定义按键"等设定界面

对于遥控器的按键，可以在"遥控器自定义按键"中进行设置，将各个按键设置为自己习惯或是喜欢的功能键。

"遥控器自定义按键"设定界面 1

"遥控器自定义按键"设定界面 2

3.1.3 "拍摄"菜单

"拍摄"菜单当中，包括"拍照""通用""存储"等功能，主要针对无人机的拍照和录像功能进行相关参数及辅助功能的调整。

如果你是一名较为专业的摄影爱好者，建议将"照片格式"选择为"JPEG+RAW"，RAW格式的照片宽容度更高，方便后期修图。

"照片比例"根据需要自行选择"4:3"或者"16:9"即可。

"照片格式"和"照片比例"设定

可以看到当前的界面是 16:9 的，并且在右下角可以看到 J·RAW 的设定

"抗闪烁"功能主要是为了消除城市灯光对画面造成的影响，默认选择为"自动"。

"直方图"功能可选择开启或关闭。如果开启，拍摄时直方图可提供画面亮度参考（此时画面左侧会出现直方图）；如果感觉取景画面的直方图干扰观察，可以将其关掉。

在第 4 章我们将更详细地讲解直方图相关知识。

"抗闪烁"和"直方图"设定

"峰值等级"主要在使用手动对焦时起作用，用于标示手动对焦时的对焦状态。清晰对焦的区域，景物会被标注红色轮廓，对焦越准确，红色轮廓越明显。

　　在已清晰对焦，但轮廓的红色仍然不明显时，我们可以设定"峰值等级"，设定的等级越高，红色轮廓就越明显。

"峰值等级"功能设定

设定高"峰值等级"后，清晰区域的轮廓红色非常明显

设定低"峰值等级"后，清晰区域的轮廓红色不明显

"过曝提示"是对画面中存在的过曝情况进行提醒，可根据自己需要选择打开或关闭。

设定开启"过曝提示"功能

开启"过曝提示"功能后，过曝区域会呈现黑白斜线

"辅助线"功能里可选择 3 种不同样式的辅助线，使用辅助线对构图有很大帮助。

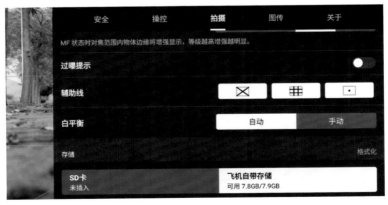

"辅助线"功能设定

将 3 种构图辅助线全部开启后的取景画面

"白平衡"可以选择"自动"或"手动"，建议直接选择自动模式即可。

关于白平衡更详细的知识，可参见第 4 章相关的内容。

"白平衡"设定为"自动"

对于"存储"这个功能，如果无人机内有存储卡，那么默认应该使用"SD 卡"存储，如果没有装入存储卡，虽然当前显示的是使用无人机自带存储，但无人机自带的存储空间非常小，只能存储一些飞行数据，而不能存储拍摄的视频等信息。

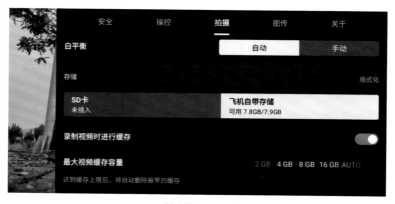

"存储"功能设定

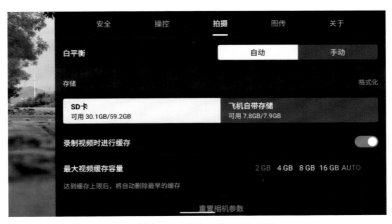

有存储卡时，优先使用"SD 卡"存储

如果设定的是拍摄视频，那此时的拍摄菜单会发生变化，我们可以对视频的色彩、编码格式、视频格式和视频码率进行设置。

3.1.4　"图传"菜单

在"图传"菜单中可以设置"图传频段"和"信道模式"，一般来说保持默认设置即可。

"图传频段"设置为默认的"双频"即可。"信道模式"默认设置为"自动"，遥控器会根据信号最优的方法自动选择信道。

"图传"菜单界面

3.1.5　"关于"菜单

在"关于"菜单中可以查看无人机自身的设备信息。"设备名称"可以自行更改，你可以编辑一个专属自己的个性名称。"飞机固件"和"遥控器固件"都会根据系统的提示进行更新，如果有新的可升级版本，在进入 App 时会有弹窗提醒。其他信息都是标注，不可更改查看了解即可。

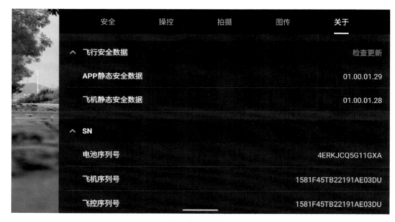

安全	操控	拍摄	图传	关于

设备名称				dji aircraft ⌀
Wi-Fi 名称				DJI Mavic 3 ⌀
设备型号				DJI Mavic 3
App版本				1.11.0
飞机固件			01.00.1100	检查更新
遥控器固件				03.02.0400
∧ 飞行安全数据				检查更新

"关于"菜单界面 1

安全	操控	拍摄	图传	关于

∧ 飞行安全数据				检查更新
APP静态安全数据				01.00.01.29
飞机静态安全数据				01.00.01.28
∧ SN				
电池序列号				4ERKJCQ5G11GXA
飞机序列号				1581F45TB22191AE03DU
飞控序列号				1581F45TB22191AE03DU

"关于"菜单界面 2

3.2 模拟飞行

除了无人机实操，在电脑上也可以进行模拟飞行训练。模拟飞行具有成本低、安全性高、可反复重新开始、不受天气等因素限制等优点，是最适合无人机新手的练习方式。当你还不具备足够的飞行技能时，遇到危险情况和特殊情况时可能无法第一时间安全操控无人机，难以躲避危险，很容易造成炸机事故，还有可能坠机砸到地面行人、车辆、房屋等。但当你在电脑上练习飞行一段时间之后，就会形成"肌肉记忆"，再去操控自己的无人机就可以放心畅飞，不怕炸机和坠机了。

提供模拟飞行训练的网站有很多，大疆的"飞行时刻"就是一个很好的选择。

在飞行时刻的首页面，可以看到"一键试飞"和"进阶教学"两个选项。

"飞行时刻"

3.2.1　初阶飞行

点击"一键试飞"，就可以进入模拟飞行页面。

"一键试飞"

在进入模拟飞行页面的过程中，屏幕上会出现键盘功能示意图。模拟飞行是需要通过控制键盘按键来控制，我们需要先将键盘的按键功能熟悉起来。

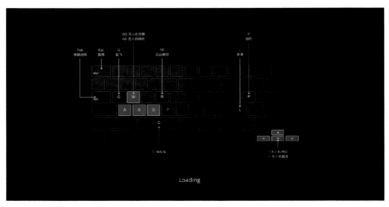

"键盘功能"

几秒钟之后，网页会自动跳转到下一界面，引导你如何让虚拟无人机起飞。只要跟着提示内容往下操作，就可以让虚拟无人机飞起来。

启动螺旋桨并起飞 1

启动螺旋桨并起飞 2

顺利将无人机飞起来之后，页面会继续引导你进行"位置移动"的教学。

"位置移动"教学 1

"位置移动"教学 2

现在你已经可以顺利掌握如何简单地移动无人机了，无人机会根据你的指令向着预定的方向移动。接下来的页面会引导你学习如何切换视角。

现在你看到的是"第三人称视角"，但是在实际飞行中我们是无法用这个视角观察飞机的，这个时候只需要根据提示切换成第一人称视角就可以看到和遥控器屏幕上一样的视角了。

"第三人称视角"

"第一人称视角"

　　如果继续按下"视角切换"按钮，就会切换到"模拟人眼视角"。模拟人眼视角最大程度地还原了在户外飞无人机的感觉，尽管你是在键盘上模拟操控遥控器摇杆，但是页面上的遥控器摇杆位置也会出现相应的变化，这种操作可以帮助你快速领悟动作要领。

"模拟人眼视角"

　　到这里初阶的模拟飞行就告一段落了，这里不仅可以练习飞行动作，熟悉遥控器的使用方法，还可以进行简单的构图练习，学会如何以最快的速度调整无人机位置来找到合适的机位。当然，这里也非常贴心地加入了"虚拟炸机"，当你的虚拟无人机撞到了障碍物后，也会像真实世界里的无人机一样掉落摔坏。当你体验了"虚拟炸机"的感觉，就会自觉养成安全飞行的习惯，将来真的在户外飞行无人机时就会更加谨慎。

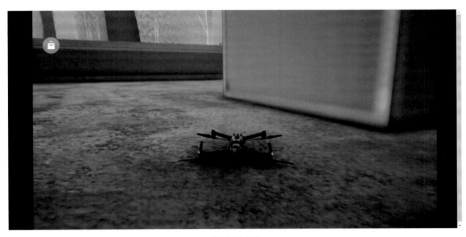

"虚拟炸机"

3.2.2　进阶飞行

点击"进阶练习"，可以进入进阶练习页面，在这里能够对进阶飞行动作进行针对性的训练。学完本小节内容，就可以非常熟练且自如地操控你的无人机了。

"进阶练习"

在进阶练习页面中，我们可以看到场景发生了变化，从广阔的城市变到了一个房间内，地面上有一个大写的"H"标志，你的虚拟无人机就停在此处。相信很多了解飞机的朋友都知道字母H 代表的是停机坪，在现实生活中，许多带有停机坪的酒店顶楼以及游艇甲板上都会出现 H 标志。

最开始的练习和"一键试飞"一样，都是先将无人机起飞。

"进阶练习"界面

接下来根据提示进行一系列的进阶无人机操作练习。首先是"上下位置移动",将无人机按照指示飞到蓝色荧光区域即可完成。

"上下位置移动"1

"上下位置移动"2

下面是"航向转向"练习，根据提示操作，完成后会显示荧光绿色。

"航向转向"练习 1

"航向转向"练习 2

完成"航向转向"练习后，紧接着就是无人机分别向"前""后""左""右"移动的练习，依然是按照提示完成即可。

向"前方"移动

向"后方"移动

向"左侧"移动

向"右侧"移动

完成上一步后,会提示你将无人机降落回"H"点。结合前后左右位置移动和降落的组合操作将无人机降落至指定区域,本关便顺利通过。

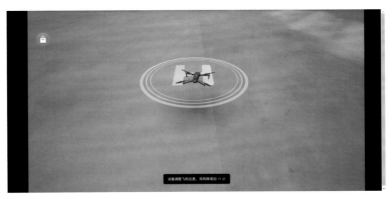

降落练习

　　到这里第一关的练习就结束了。细心的读者应该会发现，第一关练习用到的摇杆模式是"美国手"，摇杆的训练顺序也是从"左手"到"右手"，分别是左手的"上下""左右"、右手的"上下""左右"。

　　第二关练习的是一些拍摄的技巧，第一个动作是"切换相机画面"。

"切换相机画面"

画面切换完成后，会引导你去拍摄一个自拍画面。

根据页面提示进行操作，先让虚拟无人机旋转一周，然后调整云台的角度，将相机对准飞手，之后再根据引导去拍摄一张飞手的照片，并录制一段视频。

让无人机"旋转"一周

"向下旋转"相机，找到飞手

"向上旋转"相机，让相机对准飞手

拍摄一张照片

录制一段视频

　　当你顺利完成模拟飞行初阶练习和进阶练习后，可以尝试到户外进行无人机的实操训练，尽量寻找一个空旷的地方，在起飞、飞行和降落的过程中都要注意空中各种物体，毕竟老话说得好：小心驶得万年船。

第 4 章

DJI Mavic 3 系列无人机摄影基本概念

使用无人机航拍时，掌握一些基本的摄影概念，以及能正确设置无人机的菜单，有助于拍出更理想的照片，本章将介绍相关技巧。

4.1　认识并设定快门

快门速度是指相机的曝光时间。快门速度的单位是 s（秒），以数字大小来表示，一般有 30s、15s、1s、1/2s、1/4s、1/8s、1/15s、1/30s、1/100s、1/250s、1/500s、1/1000s 等等。

4.1.1　快门速度与实拍效果

快门速度数值越大，快门速度越快，曝光量就越少；快门速度数值越小，快门速度越慢，曝光量就越多。

一般来说，拍摄高速移动的物体时，需要将快门速度设置得更快一些（小于 1/250s），这样可以将运动中的物体拍摄清楚，避免画面出现重影和细节模糊的情况。

拍摄固定物体时，则可以将快门速度设置得稍慢一些，但也不能过慢，安全快门为 1/100s，否则无人机在悬停状态下的轻微抖动也可能影响画面的清晰度。

快门速度对画面清晰度的影响，快门速度越快，运动对象越清晰，反之则模糊

高速快门可以捕捉运动主体瞬间的静态画面，例如绽放的烟花、飞行的鸟类、流淌的瀑布、飞驰的汽车等。例如一张利用高速快门拍摄的立交桥照片，快门速度是 1/200s，桥上的汽车轮廓清晰，没有拖影。

利用高速快门拍摄的立交桥，汽车轮廓清晰

利用慢速快门可以拍摄出流光溢彩的拖影效果，也就是俗称的"慢门"拍摄。此方法特别适合拍摄高架桥和立交桥上川流不息的汽车车流。

找一个合适的夜晚，将快门速度设置为低于 1s，在固定机位进行稳定拍摄，即可拍出有"连续"美感的光轨照片。

慢门拍摄的立交桥，汽车尾灯变成了光轨

通过以上两张图片的对比，我们可以清楚地看到设置不同快门速度对画面的影响。拍摄不同场景时，只有设置了适合该场景的快门速度，才可以将一幅看似普通的画面拍得生动好看，展现出应有的美感。

4.1.2 快门速度的设定

在 DJI FLY App 的飞行界面中，我们可以看到右下角有一个 AUTO 图标，这代表目前的拍摄模式处于自动模式。

点击 AUTO 图标，可以切换为手动模式，此时界面右下角的 AUTO 图标会变为 PRO 图标。在手动模式下，可以修改快门速度、ISO 感光度等参数。

当前拍摄模式处于自动模式

进入手动模式界面，点击左侧的参数进入参数设置界面

进入参数设定界面，当前的各种参数仍然是自动的，呈现黄色背景

可以看到，快门速度变慢到 1/640s，画面亮度变高；而快门速度达到 1/8000s 超高速快门后，曝光时间变短，画面变暗。

点掉"自动"后才可以修改具体的参数，将快门值设定为 1/640s

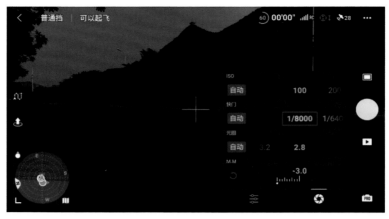

快门设定为 1/8000s

4.2 认识并设定光圈

4.2.1 光圈值大小与画面效果

光圈是用来控制光线透过镜头进入机身内感光元件的装置。光圈的数值用 f/ 值来表示，无人机的大光圈镜头一般有 f/2.8、f/4.0、f/5.6 等。f/ 值越小，光圈就越大；f/ 值越大，光圈就越小。

光圈的大小决定了光线穿过镜头的进光量大小。光圈越大，进光量就越大，拍摄到的画面越明亮，常用于拍摄弱光环境；光圈越小，进光量就越小，拍摄到的画面越暗淡，常用于拍摄光线充足的环境。

光圈除了能控制进光量外，还能控制画面的景深。景深就是指照片中对焦点前后能够看到的清晰对象的范围。景深以深浅来衡量，光圈越大，景深越浅，清晰景物的范围越小，常用于拍摄背景虚化的画面；光圈越小，景深越深，清晰景物的范围越大，常用于拍摄自然风光和城市建筑，能够将远处的细节呈现得更加清晰。

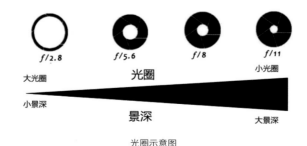

光圈示意图

例如，光圈值在 f/9 时，画面比较暗；光圈值到 f/2.8 时，画面偏亮。

光圈 f/9 时画面偏暗　　　　　　　　　　　　　　　光圈 f/2.8 时画面偏亮

　　光圈值设定到 f/5.6，得到合适的画面亮度后，再对画面进行后期处理，就会得到比较理想的照片。

光圈值设定到 f/5.6，画面亮度适中，再对照片进行后期处理，得到理想的照片

　　无人机距离地面很高时，光圈值的变化对于景深影响看起来不明显，我们让无人机下降到地面附近距离主体人物近一些，再改变光圈值，画面的景深变化就会非常明显。

光圈 f/2.8 时的画面景深，人物是清晰的，但前后景都虚化模糊，是很浅的景深

光圈 f/5.6 时，景深变大，远景和近景都很清晰

4.2.2　光圈值的设定

进入 DJI FLY App 的飞行界面中，在手动模式下，向左右两端滑动光圈滑块即可调整光圈大小。

设定光圈为 f/2.8

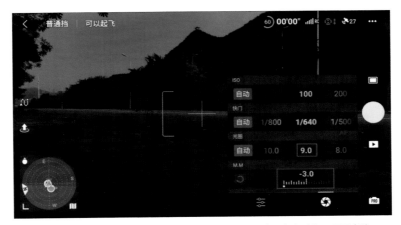

手动模式下，固定 ISO 和快门值，滑动光圈滑块，调整光圈大小到 f/9，画面变暗

另外，需要注意，下方的"-3.0"表示的是当前画面比正常亮度要偏暗 3 倍。

4.3　认识并设定 ISO 感光度

4.3.1　感光度与画面噪点

ISO 感光度是拍摄中最重要的参数之一。它衡量底片对于光的灵敏程度。

ISO 的数值越大，感光度越高，对光线的敏感度就越高，越容易获得较高的曝光值，拍摄到的画面就越明亮，但是噪点也越明显，画质越粗糙。反之，ISO 的数值越小，感光度越低，画面越暗，噪点越少。所以在其他条件保持不变的情况下，通过调节 ISO 的数值可以改变进光量的大小和图片的亮度，同时也会影响着画面的质量。因此，感光度也成了间接控制图片亮度和画质的参数。

无人机的 ISO 感光度一般在 100~6400。在自动模式下，ISO 感光度会根据光线的强弱进行自动调节，以免出现过曝或过暗的情况。手动模式下，要配合快门和光圈来进行手动调节，从而控制画面的明暗程度。

傍晚光线较弱，可以提高感光度以获得更高的曝光值，但此时照片的噪点也会变多

局部放大照片，噪点是比较明显的

4.3.2　感光度的设定

在 DJI FLY App 的飞行界面中，在手动模式下，向左右两端滑动 ISO 滑块即可调整 ISO 大小。

设定感光度为 ISO 100

手动模式下，固定光圈值与快门值，调整感光度为 ISO 400 后，画面亮度变高

4.4　认识并设定白平衡

4.4.1　认识并理解白平衡

白平衡是描述显示器中红、绿、蓝三色混合后生成白色精确度的一项指标，通过它可以解决色彩还原和色调处理等一系列问题。

白平衡的英文为 White Balance，基本概念是"不管在任何光源下，都能将白色物体还原为白色"，相机的白平衡设定可以校准色温的偏差，拍摄时我们可以大胆地调整白平衡来达到想要的画面效果。

白平衡设置是确保获得理想画面色彩的重要保证。白平衡是通过对白色被摄物的颜色还原（产生纯白的色彩效果），进而达到其他物体色彩准确还原的一种数字图像色彩处理的计算方法。白平衡的单位是 K，一般无人机相机的白平衡参数在 2000K~10000K。

数值越小，色调越冷，拍摄到的画面越趋向于蓝色；数值越高，色调越暖，拍摄到的画面越趋向于黄色。

无人机白平衡的设置方法如下：DJI FLY App 的飞行界面中，点击右上角的"…"按钮，进入系统设置界面，之后进行设定；也可以在参数设定界面进行设定。

大部分情况下，建议将白平衡设定为"自动"。可以看到，本例中白平衡自动取值在 5300K 时，画面色彩比较正常。

当前白平衡模式为"自动"

点击"自动"按钮，可以进入手动设定白平衡的状态，拖动滑块可以改变白平衡的数值。

如果设定的白平衡数值高于显示正常色彩时的数值，那么画面会偏暖（红和黄等色彩）

如果设定的白平衡数值低于正常显示色彩时的数值，那么画面会偏冷（青和蓝等色彩）

4.4.2　"错用"白平衡，得到更具表现力的照片

实际拍摄时，我们也可以刻意"错用"白平衡，让拍摄的画面偏冷或偏暖，从而营造出更具表现力的意境。

设定比实际高的白平衡值，画面变得比正常色调要偏暖一些，更具表现力

设定比实际低的白平衡值，画面变得比正常色调要偏冷一些，让夜色的氛围更静谧

4.5 认识并使用直方图

4.5.1 直方图的峰值趋向与设定

直方图是用来显示图像亮度分布的工具，它显示了画面中不同亮度的物体和区域所占的画面比例。横向代表亮度，纵向代表像素数量。直方图其实也是一种柱状图，纵向的高度代表了像素密集程度，峰值越高，分布在这个亮度范围内的像素就越多。

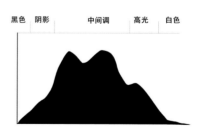

直方图波形与各区域的分布

直方图的规则是"左黑右白"。左侧代表暗部，右侧代表亮度，中间代表中间调。通过观察直方图可以快速诊断画面的曝光是否正常。

一般来说，峰值集中在中间位置，形成一个趋于左右对称的山峰形状时，则表示画面曝光正常。

如果峰值集中在最右侧区域，则表示曝光过度。在这种情况下，可以尝试使用更快的快门速度、更小的光圈、更低的 ISO 感光度来降低画面的曝光。

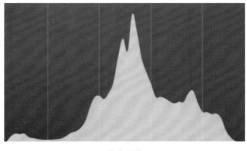
曝光正常

曝光过度

如果峰值集中在最左侧区域，则表示曝光不足，整体画面会显得很暗，这时则可以尝试使用更慢的快门速度、更大的光圈、更高的 ISO 感光度来增加画面的曝光。

曝光不足

在系统设置界面中选择"拍摄"，开启"直方图"开关，拍摄界面左侧就会出现直方图。

开启"直方图"功能，左侧出现直方图波形

4.5.2　直方图与画面效果的对应

下面我们分析几种画面明暗状态与直方图形状的对应关系。

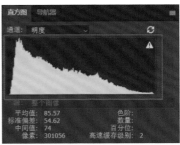

画面亮度适中，整体稍稍偏暗

直方图峰值偏左

画面亮度偏高

直方图峰值偏右

画面亮度严重偏低

直方图峰值严重偏左

第 5 章

DJI Mavic 3 系列无人机航拍安全

　　DJI Mavic 3 系列无人机航拍要注意两方面的安全性：第一，要注意禁飞区、限高区等相关规定，否则可能会导致"炸机"的问题；第二，飞行时，不但要注意自己无人机的安全，还要注意下方建筑及行人的安全。

5.1 禁飞区与限高区

为了保障公共空域的安全，有关部门和无人机公司为无人机设置了禁飞区和限高区。

5.1.1 禁飞区

禁飞区，简单来说就是指未经允许不得飞入和经过的空域。空域主要分为融合空域和隔离空域。融合空域是指民航客机与无人机都可以飞行的空域，也就是我们进行航拍所能涉及的空域；而隔离空域我们则很少接触到，这里就不多介绍了。

禁飞区分为临时管制禁飞区和固定禁飞区。

临时管制禁飞区多数情况下为空军或民航局根据飞行任务所需，将某处空域进行一段时间的禁飞，禁飞区都会公布具体的经纬度坐标及高度要求。在大型演出、重要会议、灾难营救现场等区域有时也会临时禁飞区，在活动准备和进行阶段禁止飞行，以维护公共安全。这类临时发布的禁飞通知一般由当地公安部门负责下发。在飞行无人机之前需要了解当地的禁飞政策，尤其是在陌生城市，避免因为飞入禁飞区引发麻烦。

固定禁飞区是指机场、军事基地、政府机关、工业设施周围禁止飞行的区域。为了避免飞行风险，在重要政府机关、监狱、核电站等敏感区域设置了等禁飞区，这些区域边界向外延伸 100 米为永久禁飞区，完全禁止飞行。

为了保护航班的起降安全和军事机密，各个城市的民用机场和军用机场更是重点禁飞区，机场跑道中心线两侧各 10km、跑道两端各 20km 范围内禁止一切无人机飞行。

1. 多边形禁飞区

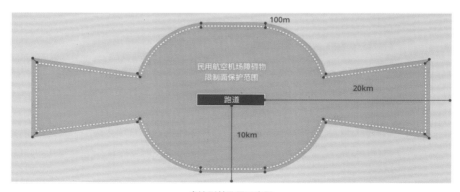

多边形禁飞区示意图

2. 圆形限飞区

机场禁飞区：指将民用航空局定义的机场保护范围的坐标向外拓展 100m 形成的禁飞区。

机场限飞区：在跑道两端终点向外延伸 20km，跑道两侧各延伸 10km，形成约 20km 宽、40km 长的长方形，飞行高度限制在 150m 以下。

在大疆无人机的操作界面中，遥控器的地图界面会对常见的机场禁飞区进行标注。

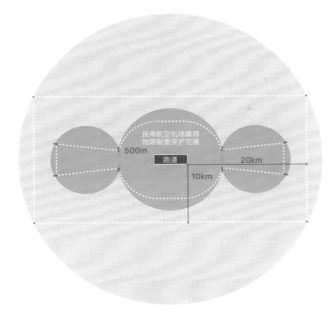

圆形限飞区示意图

5.1.2   限高区

我国大部分地区都是微、轻型无人机的适飞空域，即无需申请即可合法飞行，并不是一飞就"吃罚单"。那么为什么我们总能在新闻上看到有人因为飞行不当而"吃罚单"呢？其实，大部分原因都是他们在管控区域内飞行或者超高飞行了。

微型无人机适飞空域高度在 50m 以下，轻型无人机适飞空域高度在 120m 以下。只要不超过限制飞行高度，无人机飞行完全可以合法又畅快。

5.2   飞行安全注意事项

5.2.1   检查无人机的飞行环境是否安全

操作无人机的环境很重要，什么样的环境要额外注意，什么样的环境可以自由自在地飞行，这些都需要我们掌握。只有对飞行环境有充足的了解，才能安全地使用无人机，避免发生安全事故。

（1）人群聚集的环境不能起飞。无人机起飞时要远离人群，不能在人群头顶飞行，这样很容易发生危险，因为无人机的桨叶旋转速度很快且很锋利，碰到人会划出很深的口子，容易造成很大的麻烦。

不能在人群头顶飞行

如果想拍摄人员密集的大场景，但是不能在人员密集的地方起飞，这时让无人机在远离人群的位置起飞，会稍微安全些。

远离人群飞行

（2）放风筝的环境不能飞。不能在有风筝的地方飞行无人机，风筝是无人机的天敌。因为风筝靠一根很细的长线控制，而无人机在天上飞的时候，这根细线在图传屏幕上根本不可见，避障功能也会因此失效。如果一不小心撞到了这根线，那么无人机的桨叶就会被线缠住，甚至直接导致"炸机"。

（3）在城市中飞行，要寻找开阔地带。无人机在室外飞行的过程中主要依靠 GPS 进行卫星定位，然后依靠各种传感器才得以在空中安全飞行。但在高低错落的城市建筑群中，建筑外部的玻璃幕墙会影响无人机对信号的接收，进而造成无人机乱飞的情况。同时，高层建筑楼顶可能还会配备有信号干扰装置，如果飞得太近的话很可能丢失信号，导致无人机失联。

在城市高空飞行

（4）大风、雨雪、雷暴等恶劣天气不要飞行。如果室外的风速达到 5 级以上，对于无人机而言就属于一个比较危险的环境；雨雪天气中飞行会将无人机淋湿，同时产生飞行阻力，可能会对电池等部件造成损伤，雪停后可以尝试飞一飞无人机拍摄雪后的景色是很美的。雷电天气飞行会直接引雷到无人机身上，无人机可能发生爆炸，非常危险。

雪后航拍山脉美景

5.2.2　检查无人机机身是否正常

无人机的外观检查是飞行前的必需工作，主要包括以下内容。

（1）检查外观是否有损伤，硬件是否有松动现象。

（2）检查电池是否扣紧，未正确安装的电池会对飞行造成很大的安全隐患。

（3）确保电机安装牢固、电机内无异物并且能自由旋转。

（4）检查螺旋桨是否正确安装。桨叶正确安装方法如下：将带标记的螺旋桨安装至带有标记的电机桨座上。将桨帽嵌入电机桨座并按压到底，沿锁紧方向旋转螺旋桨到底，松手后螺旋桨将弹起锁紧。使用同样的方法安装不带标记的螺旋桨至不带标记的电机桨座上，如下页上图所示。

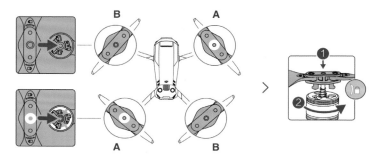

检查螺旋桨是否正确安装

（5）确保无人机电源开启后，电调有发出提示音。

5.2.3 校准 IMU 和指南针

如果是全新未起飞的无人机受到大震动的无人机或者放置不水平，都建议做一次 IMU 校准，防止飞行中出现定位错误等问题。这时开机自检的时候会显示 IMU 异常，此时需要重新校准 IMU。具体步骤如下：打开飞机遥控器，连上 DJI FLY App，把飞机放置在水平的台面上；进入 DJI FLY App，打开"安全"—"传感器状态"—"IMU 校准"。如果无人机处于易被电磁干扰的环境中（比如铁栏杆附近），那么进行指南针校准是很有必要的。

进行 IMU 校准与指南针校准的步骤如下面 3 张图所示。

查看 IMU 与指南针状态

点击"开始"按钮校准指南针

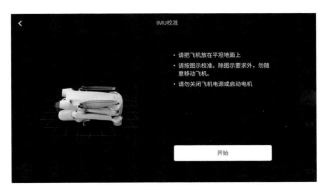

点击"开始"按钮校准 IMU

5.2.4　无人机起飞时的相关操作

无人机在沙地或雪地环境中起飞时，建议使用停机坪，这样能降低沙尘或雪水进入无人机造成损坏的风险。在一些崎岖的地形条件下，也可以借助装载无人机的箱包来起飞。

无人机起飞后，应该先使无人机在离地 5m 左右的高度悬停一会儿，然后试一试前、后、左、右飞行动作是否能正常做出，检查无人机在飞行过程中是否稳定顺畅。如果无人机各功能正常，再上升至更高高度进行拍摄。

在飞行过程中，遥控器天线要与无人机的天线保持平行，而且要尽量保证遥控器天线与无人机之间没有遮挡物，否则可能会影响对频。

站立姿态操纵无人机

5.2.5　确保无人机的飞行高度安全

无人机在户外飞行时，默认的最大飞行高度是 120m，最大飞行高度可以通过设置调整到 500m（当地没有限高的前提下）。对于新手来说，无人机飞行高度小于 120m 时是比较安全的，因为无人机会保持在我们视线范围内，便于使用时监测其动向。当无人机脱离 120m 的高度限制后，我们就很难观测到它，可能因此引发炸机等事故。用户可以在 DJI FLY App 的"安全"设置中改变最大高度。

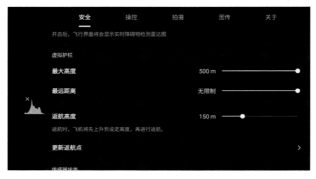

设置无人机最大飞行高度

5.2.6 深夜飞行注意事项

每当夜幕降临，华灯璀璨的美丽夜景总会让人流连忘返，无人机可以拍摄繁华夜色。航拍夜景大多都是在灯火通明的市区，市区有时高楼林立，飞行环境相当复杂。夜晚航拍要想做到安全，就需要我们白天提前勘景、踩点。提前在各大社交平台查询夜航飞行地点，找好机位后白天去踩点，最好找一个宽敞的地方作为起降点；起降地点一定要避开树木、电线、高楼、信号塔。夜幕下，肉眼难以看到电线、建设中的楼宇障碍物，无人机避障功能也失效。航拍城市夜景，可以用激光笔照射天空，如果有障碍物，光线会被切断。

航拍城市夜景

5.2.7 飞行中遭遇大风天气的应对方法

在大风中飞行无人机时要额外注意，因为大风会使无人机失去平衡，甚至吹飞小型的无人机。笔者建议，在风中飞行无人机时，点击 DJI FLY App 左下角的按钮，再点击小地图右下角切换为姿态球，如图所示。

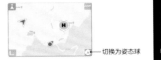

姿态球中两条短线代表着飞机的俯仰姿态，当飞机处于上仰姿态时，双横线位于箭头下方，反之双横线位于箭头上方。因为地表和高空的环境存在差异（高空障碍物少，阻力低），通常都是无人机起飞之后，我们才发现风速过大。如果发现遭遇强风，建议立刻降低无人机高度，然后尽快手动将无人机降落至安全的地点。遇到持续性大风时，不建议使用自动返航，最好的应对方案还是手动控制飞回，如果风速过大，DJI FLY App 通常会弹窗警告。

如果遭遇突如其来的阵风，或者返航方向逆风，可能会导致无人机无法及时返航。此时，可通过肉眼观察，或者查看图传画面，快速锁定附近合适的地方先行降落，之后再前往寻找。判断降落地点是否合适有 3 个标准：一是避免降落在行人多的地面，防止伤人；二是不会对无人机造成损坏，平坦的硬质地面最好；三是易于抵达，且具有比较高的辨识度，易于后期寻找。

最后补充一点，遭遇大风且无法悬停时，可以调整无人机飞行模式为运动模式，这样可以以满动力对抗强风。注意，一定要将机头对着风向逆风飞行，这样会大大增加抗风能力，这种方法仅限于在紧急情况下使用，请勿轻易尝试。

5.2.8　飞行中图传信号丢失的处理方法

当 DJI FLY App 上的图传信号丢失时，应该马上调整天线与自身位置，看能否重拾信号，因为图传信号消失大概率是因为无人机距离过远或者信号有遮挡导致的。如果无法重拾图传信号，可以用肉眼寻找无人机的位置，如果可以看到无人机，那么就可以控制无人机返航；如果看不到无人机，就需要尝试手动拉升无人机高度几秒来避开建筑物障碍，使无人机位于开阔区域，这样可以重新获得图传信号。如果还是没有图传信号，那么应该检查 DJI FLY App 上方的遥控信号是否存在，然后打开左下角的地图尝试转动摇杆观察无人机朝向变化，若有变化则说明只是图传信号丢失，用户依旧可以通过地图操作无人机返航。

如果尝试了多种方法依旧无效，笔者建议按返航键一键返航，然后等待无人机自动返航，这是比较安全的处理方法。

5.2.9　无人机降落时的相关操作

在无人机降落过程中，有许多值得注意的点。首先要确认降落点是否安全、地面是否平整、区域是否开阔、是否有遮挡等。无人机的电量也应该注意，如果无人机的电量不足以支持其返航，它就会原地降落，这时需要通过地图确定无人机的具体位置。在不平整或有遮挡的地面降落可能会损坏无人机。

在不平整或有遮挡的路面降落可能会损坏无人机

在光线较弱条件下，无人机的视觉传感器可能会出现识别误差。在夜间使用自动返航功能时应该事先判断附近是否有障碍物，谨慎操作。等无人机返回至返航点附近时，可以按停止键停止自动返航功能，再手动降落至安全的飞点。

降落至最后几米时，笔者建议将无人机的云台抬起至水平状态，以避免无人机降落时镜头磕碰到地面。等降落到地面后，先关闭无人机，再关闭遥控器，以确保无人机始终可以接受到遥控信号。

5.2.10　找回失联的无人机

如果用户不知道无人机失联前在天空哪个位置，那么可以给大疆的官方客服打电话，在客服的帮助下寻回无人机。

除了寻求客服帮助，我们还可以通过 DJI FLY App 自主找回失联的无人机。进入 DJI FLY App 主界面，点击界面右上角的"…"进入菜单界面。在"安全"菜单内，点击"找飞机"选项，在打开的地图中可以看到当前的飞机位置。

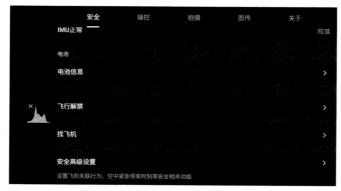

点击"找飞机"选项

此外，用户在"飞行数据中心"中也可以查看当前飞机的位置。在 DJI FLY App 主界面点击"我的",然后点击"飞行数据"即可打开"飞行数据中心"界面,查看"飞行数据"。

　　需要注意的是,大部分情况下个人的大疆账号是处于登录状态的,如果没有处于登录状态,需要提前点击头像下的"登录"按钮,进行登录。

点击"登录"按钮

用个人账号进行登录

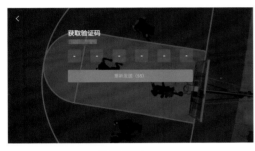

验证码登录

登录后会显示个人的飞行状态

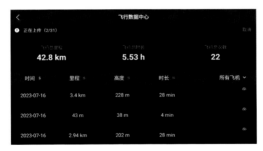

点击"更多飞行数据",查看个人详细的"飞行数据",可以查看飞机的位置

第 6 章

航拍前的准备与注意事项

　　在前面的章节当中，我们学习了无人机的操作方法以及遥控器的使用方法，相信你已经初步具备了在室外飞行无人机的能力，但这并不意味着准备工作已经完成，因为航拍前的准备工作同样重要。好的飞行规划会让航拍效率大大提升。

6.1 出发前的准备工作

在外出航拍之前，需要先明确本次飞行的目的和要求。例如拍什么？怎么拍？在什么时间拍？去什么地方拍？拍多久？只有在明确飞行目的和要求后才能进一步做好周全的准备工作。本节我们将会对飞行前期的准备工作进行分步讲解。

列出飞行计划是准备工作中最先开始的一环，其目的是对飞行场景做一个系统的梳理。例如，我想要拍摄一些城市日落的视频素材，那么"城市日落"就是本次要拍摄的主题内容，然后根据主题内容明确本次飞行的时间、地点、空域情况和所需设备，同时还要查询飞行当天的天气情况，以及其他可能会影响到拍摄的问题。

下面是一个飞行计划表，你可以参考它来制作自己的飞行计划。

拍摄日期	主题内容	拍摄时间	拍摄地点	空域情况	所需设备	天气情况	其他
11 月 10 日	城市日落	17:20—18:00	青岛五四广场	是否存在禁飞区和限高区	无人机、电池、SD 卡、桨叶、遥控器、手机、充电器、备用电池、备用桨叶、UV 镜等	晴天还是多云、是否有雨、雪、雾、气温、风力、风向等	是否有保安拦截飞行

在飞行计划表中，可以看到拍摄主题是"城市日落"，拍摄日期是 11 月 10 日，那么我们怎么确定日落的时间段呢？你可以借助手机中的天气预报来查看拍摄地的日落时间，或者在网站上搜索当地的日出日落时刻表。

通过天气预报查询日落时间

山东省_青岛市日出日落查询-日出日落时间表

市南区　市北区　黄岛区　崂山区　李沧区　城阳区　胶州市　即墨区　平度市　莱西市　西海岸新区

山东省_青岛市日出日落时刻表

日期	日出	正午	日落	天亮	天黑
2022-10-17 星期一	06:07	11:43	17:20	05:41	17:46
2022-10-18 星期二	06:07	11:43	17:19	05:42	17:45
2022-10-19 星期三	06:08	11:43	17:18	05:42	17:44
2022-10-20 星期四	06:09	11:43	17:16	05:43	17:42
2022-10-21 星期五	06:10	11:43	17:15	05:44	17:41
2022-10-22 星期六	06:11	11:43	17:14	05:45	17:40
2022-10-23 星期日	06:12	11:42	17:13	05:46	17:39
2022-10-24 星期一	06:13	11:42	17:12	05:47	17:38
2022-10-25 星期二	06:14	11:42	17:10	05:48	17:37
2022-10-26 星期三	06:15	11:42	17:09	05:49	17:35
2022-10-27 星期四	06:16	11:42	17:08	05:50	17:34
2022-10-28 星期五	06:17	11:42	17:07	05:50	17:33
2022-10-29 星期六	06:18	11:42	17:06	05:51	17:32
2022-10-30 星期日	06:19	11:42	17:05	05:52	17:31
2022-10-31 星期一	06:20	11:42	17:04	05:53	17:30
2022-11-01 星期二	06:21	11:42	17:03	05:54	17:29
2022-11-02 星期三	06:21	11:42	17:02	05:55	17:28
2022-11-03 星期四	06:22	11:42	17:01	05:56	17:27
2022-11-04 星期五	06:23	11:42	17:00	05:57	17:26
2022-11-05 星期六	06:24	11:42	16:59	05:58	17:25
2022-11-06 星期日	06:25	11:42	16:58	05:59	17:25

在网页上查询日出日落时间表

另一个需要在天气预报中查看的因素就是日落时刻的天气情况。天气预报会显示以小时为单位的天气情况，例如 11 月 10 日的日落时刻正好是晴天，这就意味着可以拍摄到日落。如果这个时候恰好是多云或者下雨，那就意味着大概率是看不到日落的，就算是去了也无法拍摄到想要的画面，那么你就可以改变拍摄计划了。

确定了拍摄地点的日落时间和天气情况后，我们就可以规划出发时间。如果是乘坐公共交通，需要提前查询多久才能到达；如果是打车或者自驾，还应该考虑路上是否会堵车、终点是否方便停车等问题。

尽量在日落前半小时到达拍摄地点，这样会有充分的准备时间去选择合适的起飞降落点和拍摄角度，然后静候太阳落山的时刻开始拍摄。如果临近日落时刻才准备出发，那么等你匆忙赶到拍摄地点时，很有可能已经错过了最好的拍摄时间，导致很难拍到理想的画面。

在手机地图 App 上查询出行路线时，还可以顺便切换到卫星地图，查看周边的环境信息。比如拍摄地点的地形地貌，周边

查询天气情况

是否有开阔的平地，是否有遮挡的树木、楼房等情况。如果需要长时间拍摄，还可以提前寻找周边有没有方便充电的地方，用来给电池交替充电。

当然，仅靠二维地图还不足以完整地查询当地的信息情况，最好有三维地图的补充，可以更加全面地进行分析。打开网页版的三维地图，使用街景功能查询以上信息。目前街景功能已经涵盖大部分城市街道的三维影像图，我们可以试着输入拍摄地点名称，查看是否能呈现三维街景。如果该地区能看到三维街景的话，可以通过三维街景更加直观、全面地查看当地地貌及障碍物等，这是一种非常有效的信息筛查方法。

三维街景地图

接下来列举几种判断空域的方法，对拍摄地点的空域情况进行查询。

方法一：在大疆官网上查询限飞区。

方法二：在无人机遥控器上查询限飞区。

方法三：在小红书、抖音、景区官网等平台上搜索限飞信息，查询潜在的禁飞风险。中国国内制定的禁飞条款里写明了重要的军事设施周边、水库、铁路、高架桥、敏感单位周边、监狱等地方属于禁飞区，而大疆的限飞区地图只显示机场及周边的限飞区，这就代表着还有部分未在地图上明确注释限飞信息但实际上不允许飞行的地方存在。

例如，近些年多地旅游景区相继张贴了禁飞无人机的公示牌和通知，在飞行之前可以提前了解参考，以免发生危险情况。

在小红书 App 上查询到的限飞信息

旅游景区禁飞公示牌

出发前的最后一项准备工作就是清点航拍设备。不论携带什么设备和配件，一定要在出发前按照飞行计划表清点一遍，同时确保遥控器和无人机电池已经充满电，桨叶完整无破损。如果是需要连接手机的普通遥控器，还要确保手机的电量充足。千万要注意查看 SD 卡是否插在无人机机身内，很多人因为忘记携带 SD 卡而导致整个拍摄计划泡汤，这样的乌龙事件不在少数，就连笔者也经历过这样的噩梦。另外，如果需要连续多日拍摄，每块电池都要多次使用的话，记得携带充电器，必要的时候还要带个移动电源和逆变器。

提前准备好飞行所需要的各种配件

　　在清点设备的时候还可以根据拍摄需求及天气情况携带一些其他配件，例如镜头的 UV 镜、便携收纳包、遥控器遮光罩、充电管家、防水箱等。

6.2　现场环境安全检查

　　无人机起飞前，我们要对设备进行检查。

　　在室外航拍的时候，周边可能会存在多种干扰因素，威胁飞行的安全，比如电线、电塔、信号塔、高楼、树枝、水面、峡谷等固定障碍物，电磁信号等可能干扰信号的潜在因素。

电线、电塔

峡谷

固定的障碍物中，电线和信号塔的斜拉线都属于无法被避障模块识别到的障碍物，所以在飞行的时候要有规避此类危险障碍物的意识，通过云台相机的第一视角画面进行判断，避免无人机机身触碰到障碍物，从而造成炸机。

电线杆上的电线

在高楼林立的城市中飞行无人机，要注意楼体的玻璃表面也无法被避障模块识别。当无人机靠近楼体的时候，两座相邻的高楼中间的气流是非常乱的，可能会出现阵风，严重的强阵风会干扰无人机悬停的稳定性，造成无人机被"吹"到大楼上撞落的情况。因此，飞行时要与高楼保持安全距离，同时避开两座高楼之间的区域。高楼的另一个潜在风险是容易遮挡遥控器和无人机之间的信号，特别是当无人机和遥控器之间隔着楼体时，会造成遥控器图传信号丢失，严重的话也会造成炸机。

相邻的高楼

　　在自然环境中，也有许多因素干扰无人机的飞行安全。比如树枝和树叶，树枝与斜拉线的情况类似，有时难以靠避障模块识别，在近距离拍摄树木题材的场景时，要与树枝保持一定的安全距离，避免螺旋桨打到树枝、树叶，造成炸机。

　　拍摄江、河、湖、海等场景时，如果无人机距离水面很近，可能会突然出现无人机被吸入水中的奇怪现象。这是因为无人机在距离水面两个翼展高度内的时候，无人机会因缺少地面效应而下坠以至掉入水里。无人机是不防水且无法在水中完成飞行动作的，掉入水中也就意味着无人机丢失。所以我们在拍摄水面的时候，先要通过摄像头判断距离水面的高度，拿不准的时候就飞高一些，保证无人机与水面之间的安全距离。

　　在峡谷地区飞行与在高楼之间飞行的注意事项类似，尤其要注意变化不定的风向和狭窄风口的强烈阵风，保障无人机安全。

无人机撞到树上

6.3　无人机航拍前期规划

6.3.1　起草拍摄脚本

如果是比较正式的短视频作品创作，在航拍前，要事先预想成片效果，包括每个航拍镜头的起幅落幅位置、运镜形式及速度时长、转场和剪辑方式、景别与光线效果等。为了在现场能以最高效率完成拍摄，特别是避免漏拍镜头，需要在拍摄前撰写较为详细的拍摄脚本。拍摄脚本可以是文字形式，也可以是手绘或者图片的形式。拍摄脚本需要包含拍摄地点、拍摄内容、镜头说明、拍摄时间、草图或样张、镜头时长等基本信息。如果有演员出镜，还需要添加服装、道具等详细信息。

《望长城》短视频拍摄脚本

拍摄主题：长城；拍摄地点：各地长城；拍摄时间：202×年 12 月

镜头	景别	画面内容	音乐	解说词	时长（s）	备注
1	远景		舒缓、悠长、渐隐		5	
2	全景	渐入渐出的一段长城			2	
3		黑场	渐起、浑厚、舒缓		1	
4	远景	太阳从烽火台升起			20	变速到 20 秒
5	全景	三青山云海			45	
6	远景	草原河流日落			15	
7	近景	箭扣云海			20	
8		金山岭云海			12	
9		金山岭长城全貌			10	
10		金山岭长城云海			10	
11		彗星掠过长城烽火台			15	
12		正北楼与中国樽合影			15	
13		司马台长城雨后			15	

短视频拍摄脚本的格式

如果情况允许，可制作航拍镜头脚本，提前将拍摄流程仔细记录在文档中，规范航拍全流程。

6.3.2　选择正确的起降点

想要寻找合适的无人机起降位置，有几个重要的点需要注意。一是要选择地形平坦、地面平整的位置。地形平坦是指不要选择斜坡，地面平整是指无人机周边半径 1m 范围内不要有突起和坑洞。二是起降点周边半径 5m 范围内不要有杂草、碎石、沙砾、坚硬物体等障碍物，避免无人机在起降过程中触碰到障碍物或者让尘土卷入电机内卡壳；导致无人机炸机的情况发生。三是查看起降点周边的电磁情况，可以通过遥控器内的图传通道的信号强弱程度来查看，也可以借助其他辅助工具来查看。

平坦开阔的起降点

6.3.3 航线规划

　　航线规划是视频航拍的组成部分，充分的准备工作能使拍摄更为顺利，使我们更安全、愉快地享受航拍摄影乐趣。

　　航线规划中，拍摄者要做到以下几点。

　　（1）起飞无人机对航路区域进行全景勘测。确认这条航线是否安全，包括飞行空间的大小和视觉死角。

　　（2）思考是否会飞到遮挡 GPS 信号的位置。

　　（3）观察是否存在可能对信号产生干扰的物体，如高压线和信号塔等。

　　（4）观测航线上存在的物体，预判画面效果。思考这条航线拍摄的画面是否好看，来对航拍飞行路线进行设计。

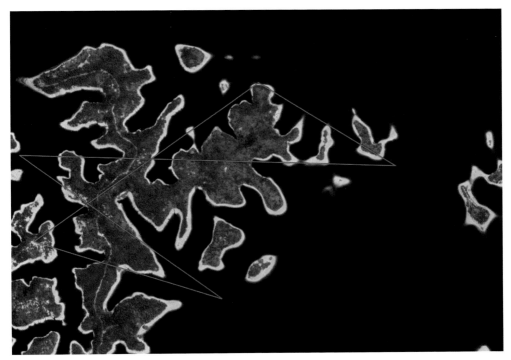

规划航线

6.4　特殊场景注意事项

　　无人机航拍的过程并不总是一帆风顺的，有时难免会遇到一些特殊场景或极端天气，给飞手带来很大的心理压力。尤其对于飞行新手来说，起飞后心里总是非常忐忑，担心无人机不能顺利返航。本节我们就一些特殊的天气场景进行针对性的分析，帮助大家从容应对将来可能会遇到的多种极端天气。

6.4.1　雨天

　　下雨天气是不适合无人机飞行的天气之一。首先，无人机设备不具备防雨、防水的特性，电机及电子元器件很容易被雨水破坏，造成设备损坏。其次，雨天的光线较暗，拍出来的照片会显得灰蒙蒙的，只能满足少部分特殊的拍摄需求。

　　如果需要在雨天飞行无人机，可以提前查看天气预报，尽量错开下雨的时间段进行飞行；也可以随身携带一块吸水的毛巾及时擦拭无人机。如果在刚下过雨的山区飞行，还需要注意有无水汽凝结的水雾，尽量避免让无人机穿越水雾，因为水汽凝结的水珠也会对无人机电机构成安全威胁。

雨天山谷水雾

6.4.2　风天

在大风天气，无人机为了保持姿态和飞行，会耗费更多的电量，续航时间会缩短，同时飞行稳定性也会大幅度下降。所以在操控无人机时，要注意最大风速不要超过无人机的最大飞行速度。如果飞行过程中风速过大，遥控器屏幕上也会出现相应的提醒，这时候一定不要逞强或者抱有侥幸心理，最好及时让无人机返航，等待风速小一些的时候再次起飞。

气流的出现会使在飞行中的无人机突然上升或者下沉。例如在沙漠、戈壁拍摄时，上升气流会十分明显。抗风能力弱的轻型无人机，很有可能在无法承受的大风中被吹飞。所以在特殊环境下要时刻注意无人机的飞行状态，及时调整航线或选择返航，避免意外发生。如果天气预报预测的风力大于无人机的抗风等级，千万注意不要起飞。

飞行时还要注意判别风向，如果是逆风，无人机的飞行速度会受影响，电量也会比无风状态下消耗得更快，此时要多预留一些电量用于返航，以免无人机无法正常飞回起降点。

6.4.3　雪天

在雪天用无人机记录雪花漫天飞舞的过程，可以带给人们非常震撼的视觉感受。美丽的雪景非常适合用无人机航拍，但飞行时间不宜过久，原因和雨天类似。雪花接触到电机后会因高温融化变成水，对于无人机来说存在短路的风险。

雪天的气温较低，受低气温的影响，无人机电池温度也会随之降低，有可能导致无人机无法起飞，所以我们要随身携带一些保温设备，其中最方便的就是暖宝宝，直接贴在无人机机身上就可以让电池保暖。另外，低温会使无人机电池的续航时间缩短，所以要随时关注剩余电量，根据电量提醒合理安排拍摄内容。

　　在无人机起飞降落的时候，要选择地面没有积雪的起降点，以保障无人机的安全。如果有条件的话，建议使用停机坪起降，以降低雪水进入无人机的概率。在崎岖地形，也可以借助表面平整的无人机箱包来起降。

雪景拍摄画面 1

雪景拍摄画面 2

6.4.4　雾天

　　浓雾天气和浮尘天气类似，都是能见度较低的场景。在雾天操控无人机安全性低，且拍摄出来的画面非常灰暗，难以拍出好看的素材。我们可以通过目视的方式。通常来说，如果能见度小于 800m。那么就可以称之为大雾，不适宜无人机飞行。

　　实际上大雾天气不仅影响可见度，也影响空气湿度。在大雾中飞行，无人机也会变得潮湿，有可能影响到内部高精密部件的运作，而且在镜头上形成的水汽也会影响航拍效果。对于无人机这类精密的电子产品，水汽一旦渗入内部，非常可能腐蚀内部电子元器件。所以在雾天使用无人机后，除了简单的擦拭外，还要做好干燥除湿的保养。可以将无人机放置到电子防潮箱中，或者将无人机与干燥剂放于密封箱中进行保存。

这里再举个极端的例子。无人机在雾气中可能会失灵，把 100m 高空识别成地面，直接启动降落程序。如果你没有眼疾手快地控制摇杆，很可能就此痛失一台无人机。

雨天、雪天、雾天飞行有风险，一定要斟酌好。

浓雾天气画面 1

浓雾天气画面 2

6.4.5　穿云

穿云航拍效果的朦胧飘逸是令人惊艳的。但是云层过厚，我们就不能实时监测到无人机的动向，具有一定的危险性。所以要时刻观察无人机的动向，发现踪迹比较模糊时就要准备返航，确保飞行安全。

穿云航拍画面 1

穿云航拍画面 2

6.4.6　高温或低温天气

在炎热天气切忌飞行太久，且应在两次飞行间让无人机充分地休息和冷却。因为无人机的电机在运转产生升力的时候，也会连带产生大量的热量，电机非常容易过热，在一些极端情况下甚至可能会融化一些零部件和线缆。

在严寒天气也要避免飞行时间过长，在飞行中要密切关注电池情况。因为低温会降低电池的效率，续航时间会有所下降。一旦发现电量骤低，就要赶快采取应急措施赶紧让无人机返航。

6.4.7　深夜

夜幕低垂，华灯璀璨的城市夜景总会让人流连忘返。夜间飞行是航拍爱好者最喜欢的航拍方式之一，同样的场景分别在白天和夜晚拍摄就是完全不同的风格和氛围。夜间飞行的安全问题也是不容忽视的。在无人机起飞后和进行位置移动之前，一定要先操控无人机旋转一周，环视周围的环境，确认水平高度内有没有障碍物，距离障碍物大概有多远，心里有数后再继续其他的飞行动作。这样做的原因是当夜间环境光很差的情况下，无人机避障模块很难识别到障碍物，当无人机在横向移动和后退移动的时候，相机依然是朝向前方，无法确定无人机的飞行线路上会不会触碰到障碍物，这也是许多新手在刚开始练习夜间航拍的时候最容易忽视的问题。当然，如果时间充足的话，最好的方法还是在白天提前到达起降点进行踩点。起降点一定要避开树木、电线、高楼和信号塔等。

夜间航拍画面 1

夜间航拍画面 2

第 7 章

景别、光线与构图的应用

　　无人机航拍构图是决定最终成片效果好坏至关重要的因素之一，构图是最能直观表达作品语言和情绪的方式。拍出好的作品前，必须要对照片或视频的构图进行详细的学习了解，掌握每种构图方法的要素，并需要灵活调整被摄物体和拍摄对象与无人机的位置，进行恰当的空间位置变化，从而拍摄出符合构图要求的画面。本章就景别的分类、光线的投射方式、元素的选取与布局及常见的构图方法进行讲解，帮助读者快速熟悉构图的要领，使航拍作品变得更具"专业性"。

7.1 景别的概念

在传统摄影中，景别由远至近分为远景、全景、中景、近景和特写。而在航拍摄影中，受拍摄方法和无人机性能特点的限制，我们很难拍出特写画面，所以无人机航拍摄影的景别通常分为远景、全景、中景、近景。下面将对这 4 种景别进行介绍。

7.1.1 远景

在航拍中，远景多用来展现自然景观的环境全貌，展示主体周围的广阔空间，以及大型活动现场的镜头画面。远景画面能够让观者领略到空中视角下的宽广视野，具有纵观全局的效果，画面十分有气势，给人以整体感。但在远景照片中，缺乏景物细节的描绘，画面中的元素也较多。

远景画面

7.1.2 全景

相较于远景来说，全景画面的主体在整体画面中所占的比例更大，使主体看起来距离我们更近一些。在全景画面中，拍摄主体与其周围的环境样貌一起出现，展现主体的同时也能交代环境，但景物的细节同样比较模糊。

全景画面

7.1.3 中景

中景突出了场景环境里某个单独主体的信息和特征，观者在欣赏作品时会首先关注到主体。在中景画面中，仍然能展现小部分的背景环境，主体相较于全景来说被放大了很多。

中景画面

7.1.4　近景

近景是在中景的基础上进一步放大拍摄主体，重点表现出主体的细节和特征，主体周边的环境基本消失。在近景画面中，环境空间被淡化，处于陪衬地位，观者的视线会自然地落在主体人物、建筑物或景物身上，因此近景的作用就是刻画主体。

近景画面

7.2　光的运用

受光线的影响，世界万物会呈现出不同的视觉色彩和景观效果。你会发现，在不同时间拍摄同一位置的同一景物时，画面会表现出完全不同的风格和样貌。这是因为当光照射到拍摄对象上时，光的强弱、位置、角度及光质的变化都会改变主体所呈现的状态。光线在一天当中会随时间的改变而不停变化，拍摄对象也会随着光线条件的变化而改变，因此善于运用不同的光线，把握合适的拍摄时机也是拍出好作品的重要因素之一。

在一般的无人机航拍摄影中，由于拍摄主体的范围更大更广，人造光源的作用无法让航拍拍摄对象产生多样的变化，所以，拍摄所需要的光源往往是自然光。

光的性质有硬光和柔光之分。硬光是指在晴天中午阳光较为强烈的时分的光线，这时主体会产生清晰而又边缘明确的影子。柔光是指在阴天和日出日落时分的光线，柔光是漫散射式的光线，不具有方向性，主体没有明确而又清晰的影子。

晴天的阳光非常强烈，质感也非常硬朗，色彩也更加鲜艳，此时受光部分与背光部分的差异特别大，画面当中最亮的部分是没有信息的白色，最暗的部分是没有色彩信息的黑色，不存在明暗柔和的细腻过渡，应避免在这种条件下进行拍摄。

阴天的时候，由于太阳被云朵遮挡，光线会被漫散射到地面，此时的光线不再强烈，地面上的景物明暗过渡更加自然，展示的信息更多，比较适合拍摄风光。

不同的光线投射角度形成的画面明暗效果不同，概括起来有如下 5 种：顺光、逆光、侧光、顶光、底光。下面我们就几种常见光的投射方式来讲解如何合理地运用光线进行航拍。

7.2.1 顺光

顺光是指光线方向和无人机镜头方向一致，光线投向拍摄对象正面而产生的效果。在顺光条件下，拍摄对象的大部分区域都能得到足够的光照，所拍摄的整个画面都能呈现出明亮的感觉，不会在拍摄对象上留下明显的明暗对比。顺光拍摄的画面中，所有细节都可以很好地辨认，曝光比较好控制，但拍摄出来的画面立体感较弱。

顺光示意图

7.2.2 逆光

逆光与顺光刚好相反，是指镜头和光源位于和拍摄对象相反的位置，光线从拍摄对象的后方投射过来产生的效果。在逆光情况下，拍摄对象的正面不能得到正常的曝光，细节会变得非常模糊。逆光拍摄对拍摄者的能力要求较高，在逆光拍摄时不易控制曝光，如果画面中出现太阳，就容易出现高光溢出的问题，从而产生曝光过度的情况。但如果控制得当，画面的感染力会比较强。逆光拍摄一般用于制造朦胧氛围，突出拍摄对象轮廓。

逆光示意图

7.2.3 侧光

侧光是指从拍摄对象的侧面照射过来的光线。拍摄对象上会形成明显的受光面和阴影面，面向光源的部分非常突出，背向光源的部分则被削弱，画面的立体感得到增强。侧光拍摄的画面明暗反差鲜明，层次丰富，多用于表现拍摄对象的空间深度和立体感。如果拍摄对象的纹理非常丰富，则侧光在突出主体纹理细节上非常适用，例如拍摄山川、沙漠等场景。

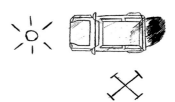

侧光示意图

7.2.4 顶光

顶光是指从拍摄对象的上方照射下来的光线。正午时刻，太阳会位于拍摄对象的正上方，形成顶光的状态。顶光可以更好地突出拍摄对象的轮廓和形态，并使拍摄对象和周边环境形成区分和反差，营造一种对比的氛围。

顶光示意图

7.2.5 底光

底光是指从拍摄对象底部向上投射的光线，最常见的底光是水平面的反射光，或是在夜间较为漆黑的环境中人工营造的灯光。底光拍摄的画面往往具有神秘感和新奇感，多用于航拍舞台、夜间足球场等场景，作为无投影照明或表现地面背景造型光，特殊而有趣。

底光示意图

7.3 航拍构图法则

构图是指拍摄者为了表现画面主题和艺术效果，通过调整无人机的拍摄角度和飞行高度使画面形成一个和谐的整体。简单来说，构图就是把所有元素合理安排在画面中以获得最佳布局的方法，利用人的视觉习惯，在画面中按照点、线、面的方式或者明暗、色彩的方式，合理安排出主体和陪体之间的关系。

构图的主要目的是突出主体，增强画面的艺术效果和感染力，向观者传达作者的情绪和思想。航拍作品越能清晰、简练地表达主体，观者越容易理解作品的含义，也会对你的作品更感兴趣。

下面我们就来详细介绍航拍常用构图法的表现形式和拍摄方法。

7.3.1 强化主体

当作品中元素过多时，杂乱的元素和多种并列的主体都会给观者带来混乱感，一时间不知道重点在哪里，这时我们就需要对画面进行构图和规划。构图就像是一把好用的"裁剪刀"，裁掉不必要的多余元素，留下最主要的核心主体。通常在照片中的图像元素越少，主体就越突出。所以我们在构图时，首先需要注意的就是图像元素的选取：多关注主体元素，删除其他不重要的元素。

举个简单的例子，下方左图中元素排列较多，显得杂乱无章，观者在观看画面的时候会因为多种元素的散乱分布让注意力变得分散。

由此我们对画面进行调整，将不必要的元素进行删减，也可以通过调整构图角度与构图方式突出主要元素。如下方右图所示，将图像中的杂乱元素进行了取景规整，并且将镜头垂直于地面进行拍摄，使整体画面相较于之前更简洁明了。

画面中元素过多，会分散观者的注意力

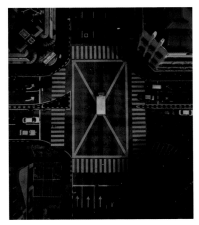
通过调整构图角度将多余的画面元素删除，
使画面更加简洁

7.3.2　前景构图

当我们对画面中的多种元素进行布局时，元素在平面和立体空间内的位置都很重要。照片中并没有真正的三维立体空间，但是我们能够通过合理安排画面的前景、中景、背景去制造纵深感，让平面的照片看起来更加立体生动，带给观者一种观看立体空间的感觉。

前景对画面的主体和陪体有着很好的修饰和强化作用，还可以丰富照片的内容和层次感。在很多场景中，都可以运用前景构图。如右图所示，蜿蜒的河流作为前景出现，这种夸大的前景会让画面中的前景与背景有一种距离感，这种距离感让画面变得更有深度，更有立体感和空间感。从这个角度来看，前景的选择是很有学问的。

近处的河流、小船和草原是前景，位于画面中间的山脉是中景，
远处的天空是背景

7.3.3　对称构图

对称构图是指将画面分为左右对称或上下对称的两部分，能够表现空间的宽阔之感。对称构图是最常见的，也是最不容易出错的构图方法。

左右对称构图

上下对称构图

7.3.4　黄金分割构图

　　用无人机航拍时，可以打开九宫格辅助线功能进行取景参考。线条的 4 个交汇点被称为黄金分割点，将拍摄主体放置于黄金分割点上，会让画面显得很稳定，也能第一时间把观者的目光吸引过来。

九宫格辅助线 黄金分割点

　　下图这张照片就是采用了黄金分割构图进行拍摄的，跨海大桥的重点部分作为主体分布在画面左侧的黄金分割点上，观者的视线会在第一时间聚焦于此，然后沿着桥面向画面右侧延伸，直到大桥另一端的终点。

黄金分割构图

　　九宫格辅助线的另外一个作用是帮助画面实现三分线构图。不论是横向还是纵向，当需要用到三分线构图法的时候，均可借助九宫格辅助线来完成。下面我们就三分线构图展开讲解。

7.3.5　三分线构图

　　三分线构图，也被称为黄金分割构图的简化版，具有与黄金分割画面相似的效果，同样给观者以舒适、稳定的观看体验。使用三分线构图时，借助九宫格辅助线将画面平分成三等份，纵向或横向。三分线构图适用于表现空间力强的画面，使画面场景鲜明，构图简练。

　　三分线构图有两种表现形式，分别为横向三分线构图和纵向三分线构图。例如右图就是采用了横向三分线构图法拍摄的，将天空、山川和草原进行了等分构图，每个元素在照片中的占比几乎相同，给人以舒适的观感。

横向三分线构图

　　右图则是采用了纵向三分线构图，将椰林、沙滩、大海进行了等分构图，将整个海岸风光完整地展现了出来，同时画面又非常简洁、干净。

纵向三分线构图

7.3.6 对角线构图

　　对角线构图是指拍摄对象位于画面的对角线上,从左上角到右下角或是从右上角到左下角布局均可,对角线会使画面显得更加生动有活力,倾斜的角度也能增加整体的动态感和画面张力。用到对角线构图的场景有很多,例如跨过河流湖泊的桥梁、笔直的公路、海岸线等。

对角线构图 1

对角线构图 2

对角线构图 3

对角线构图 4

对角线构图 5

　　对角线构图还能衍生出 X
形构图，即两条对角线上都被主
体元素填满，常被用于拍摄公路
的交叉口等场景。

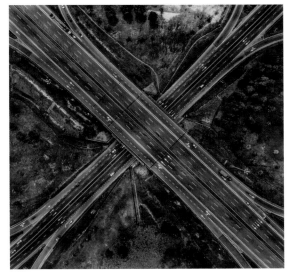

X 形构图

7.3.7　向心式构图

　　向心式构图，指主体位于画面的中心位置，四周的景物呈现中心集中的构图形式。向心式构
图能将观者视线强烈地引向主体中心，并起到聚焦的作用。

向心式构图 1

向心式构图 2

7.3.8　曲线构图

　　西班牙极负盛名的建筑设计师高迪曾说过："自然界中没有直线的存在，直线属于人类，而
曲线属于上帝。"弯曲的线条更富有感官上的美感。我们可以看到笔挺的树木，但有绿叶相衬才

会使轮廓更富生机，若是一根孤零零的树干伫立在地面，想必更多的是一种凄凉而不是美感。笔直向前的马路总会给人以单调的观感，但如果是蜿蜒曲折的道路，加上航拍的视角，会迸发出更加自然、唯美的效果，多变的线条走向也会引导观者视线在画面里"自由地漫步"。

曲线构图 1

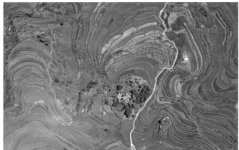

曲线构图 2

7.3.9　几何构图

几何形状构图是指取景画面中有固定轮廓形状的几何图形。不同的几何形状会有不同的表现含义，例如我们常见的圆形或椭圆形看起来能给人一种完整且稳定的观感效果。当一个大的圆形出现在画面中时，可以迅速吸引观者的注意力。

三角形则兼备动态和稳定的观感，这取决于三角形有不同的形态。等边三角形看起来更均衡，而等腰三角形能带来更强的动感。需要注意的是，如果三角形的三边都不等长，画面就失去稳定性，所以在取景的时候要多加留心观察。

椭圆形构图

三角形构图

矩形给人稳定静态的感觉，但有时在画面中会显得较为呆板，此时不妨试一下菱形，会让画面更加跃动。

矩形构图 1

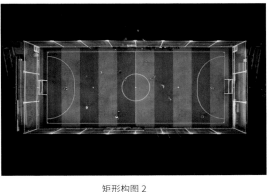

矩形构图 2

生活中的许多元素并不是按照固定的形状来呈现的，不规则图形在航拍摄影中也具有极强的视觉冲击力和画面想象力。

心形构图

T 形构图

7.3.10　重复构图

重复构图是指画面元素重复排列，利用大自然和人类生活中的重复现象，从中产生快意和秩序感。自然界中固有的和人工造成的重复有很多，如永不休止的海浪拍岸、建筑中门窗、层层梯田等。

重复构图 1

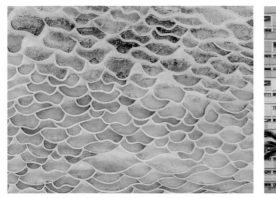

重复构图 2   重复构图 3

选择合适的航拍视角

　　无人机在空中的实际位置、镜头的角度及镜头的焦距等因素都会对构图产生影响。普通地面摄影，我们可以通过最简单的移动寻找合适的拍摄位置，扩大或缩小拍摄者与主体间的距离，并寻找衬托主体的合适前景和背景。而在航拍摄影中，我们是通过控制无人机所处位置与镜头的转动，达到最佳的拍摄位置。只有掌握了相应的飞控技术和云台相机视角调控技巧，才能真正发挥全方位、多视角的拍摄优势。

　　无人机拍摄的视角可划分为俯仰视角和水平视角。俯仰视角是指无人机相机镜头对拍摄对象的视线与水平视线之间的夹角。俯仰视角一般在仰视 30°到俯视 90°之间，但一般不建议大幅度仰拍，因为仰拍容易拍摄到无人机自身机体，使画面产生黑边。水平视角是指无人机以水平视线拍摄被摄对象。

10°仰视角拍摄的瀑布，更加壮观

45°俯视角拍摄的风景,更加具象　　　　　　　　　　　90°俯视角拍摄的海岸线,更加抽象

镜头垂直于地面进行拍摄,犹如鸟儿俯瞰大地一般,将我们日常生活中常见的事物换以完全不同的方式呈现,得到了与以往印象中完全不同的视角,表现出一种另类美感。这个角度一般也只能借助航拍设备完成。

水平视角拍摄的自然景观,更接近人眼视角,但是能达到人眼所不能达到的高度进行拍摄

不同的拍摄高度对画面表现力有着较大的影响,很大程度上也直接决定了画面的景别。高度并不决定一切,但高度影响视角。航拍摄影并不是一味地大而全,在空中,我们可以利用无人机合理规划航线,灵巧机动位移,甚至在巷道穿行,获得更精准和自由的摄影角度。

第8章

DJI Mavic 3 系列无人机飞行
与智能航拍实战

本章将介绍 DJI Mavic 3 系列无人机首飞，以及拍摄模式、智能飞行的全流程操作，并通过非常具体的知识点，帮助用户掌握无人机飞行与拍摄的全方位技巧。

本章内容以 DJI Mavic 3 机型为例讲解，在遇到与 DJI Mavic 3 Classic 及 DJI Mavic 3 Pro 不同的操作方式时，会单独说明。

8.1　达成安全首飞的操作

8.1.1　DJI Mavic 3 系列无人机起飞操作

到达飞行位置后，打开无人机与控制器，使两者建立连接。控制器提示可以起飞后，用户就可以通过执行摇杆动作启动电机。将两个摇杆同时向内侧掰动，即可启动电机，此时螺旋桨开始旋转。电机起转后，请马上松开摇杆。将左侧摇杆缓慢向上推动，无人机即可成功起飞。

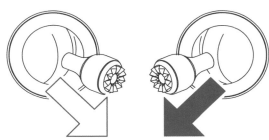

同时向内侧掰动两个摇杆　　　　　　　　　缓慢向上推动左侧摇杆

返航点刷新的重要性

这里一定要注意，无人机向上起飞后，不要马上离开起飞位置，要等到"返航点已刷新，请留意返航点位置"的提醒后才可以正式开始飞行，否则无人机返航时无法找到起飞位置，飞丢的可能性非常大。并且这种飞丢是人为操作不当所造成的。

控制器提醒"返航点已刷新，请留意返航点位置"，并且会有语音提示

飞行时，要注意右上角的信号强度，信号弱时请升高无人机高度，或尽快返航

8.1.2　DJI Mavic 3 系列无人机降落操作

飞行结束要返航时，可以通过控制摇杆让无人机返回到起飞位置的上方，然后用左侧摇杆下压的方式降低无人机高度进行降落。另外一种方式就是使用自动返航功能，直接在控制界面左侧点击"返航"图标，此时会弹出返航或降落的提醒，然后长按右侧的"返航"图标，无人机开始返航。

如果设定返航后无人机继续升高，这是因为当前的飞行高度不到返航高度，所以无人机会先上升到返航高度，以避免在返航途中撞到障碍物。

当然，如果无人机所处位置就在起飞点附近，那么设定返航后，无人机就不会升高到返航高度，而是直接在所处高度回到起飞点。

返航操作界面

无人机先上升到设定的 150m（之前设定）返航高度，之后才会平飞返航

TIPS·

在返航途中，用户随时可以点击左侧的"点击取消返航"来取消返航。

8.1.3　返航：低电量返航、失控返航

当电池电量过低、没有足够的电量返航时，应尽快让无人机降落，否则电量耗尽时无人机将会直接坠落，导致无人机损坏或者引发其他危险。为防止因电池电量不足而出现不必要的危险，DJI Mavic 3 系列无人机将会根据飞行的位置信息，智能地判断当前电量是否充足。若当前电量仅足够完成返航过程，App 将提示是否需要执行返航。

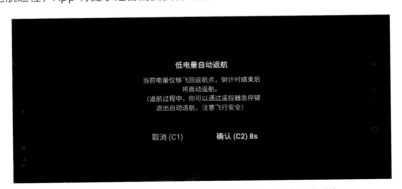

低电量自动返航提醒，这种情况下建议直接点击"确认"同意返航

若当前电量仅足够实现降落，无人机将强制下降，不可取消。下降过程中可通过遥控器（无线信号正常时）控制无人机。

无人机可在飞行过程中实时对飞行环境进行地图构建，并记录飞行轨迹。当 GPS 信号良好、

指南针工作正常且无人机成功记录返航点后，无线信号中断 2 秒或以上时，飞控系统将接管无人机控制权并参考原飞行路径规划路线，控制无人机飞回最近记录的返航点。

8.2 拍照模式的选择

随着无人机自动化性能的提升和消费群体的需求导向转变，许多无人机公司在研发航拍无人机的时候都会设定一些常规的飞行动作和全新的拍摄模式，来达到原本只能通过复杂的手动操作才能实现的画面效果。除了常用的单拍模式外，还可以选择探索模式、ABE 连拍模式、连拍模式等。下面就来详细介绍大疆无人机的几种拍摄模式。

在 DJI FLY App 的飞行界面中，点击"胶片" <!-- icon --> 图标，选择"拍照"，可以切换 5 种不同的拍照模式，包括"单拍""探索""AEB 连拍""连拍"和"定时"模式。

点击"胶片"图标

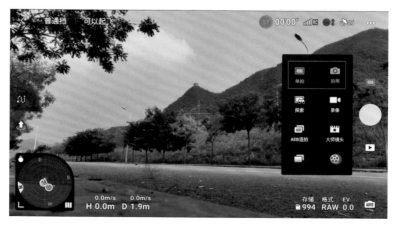

选择"拍照"，可以切换不同的拍照模式

8.2.1　单拍

"单拍"模式很容易理解，调整好构图及相机的参数之后，点击快门开始拍摄，相机就会拍摄一张照片。

选择"单拍"模式

点击拍摄按钮，利用"单拍"模式拍摄单张照片

8.2.2　探索

DJI Mavic 3 系列"探索"模式的功能是比较强大的，它可以利用光学和数码混合变焦实现最高 28x 的超长焦视野。使用这一模式，既可以帮用户拍清楚极远处的对象，也可以让一般用户寻找拍摄目标、观察环境，还可以让一些特殊用户用于空中救援搜索。

需要说明的是，DJI Mavic 3 Classic 的"探索"模式主要依靠数码变焦拍摄远处的对象；DJI Mavic 3 则搭载了广角和长焦两枚镜头，所以使用探索模式时会有一些优势；DJI Mavic 3 Pro 的探索模式则最为强大，搭载了广角、中长焦、长焦三枚镜头，所以拍摄到照片的画面会更清晰。

下面 5 张图 DJI Mavic 3 的探索模式在不同焦段下的细节表现力。

选择"探索"模式，界面上已经出现了提示

在 1 倍焦距下拍摄到的广角画面，画质清晰、锐利

7 倍变焦下的画面，这是不开启"探索"模式所能实现的最高放大倍率效果

14 倍变焦下的画面

28 倍变焦下的画面

8.2.3　AEB 连拍

　　"AEB 连拍"模式又称包围曝光模式，适用于拍摄光线复杂的场景，如草莓音乐节、城市灯光秀、大型庆典活动现场等，这些场景通常有复杂的舞美灯光设计。

　　在 AEB 连拍模式下，按下快门后无人机会自动拍摄 3 张（或 5 张，根据具体设定）等差曝光量的照片（曝光不足、正常曝光、曝光过度），分别完整保存了被摄物体的亮部、中间以及暗部的画面细节，并从中挑选多个曝光合适的部分进行合成，最终得到一张明暗适中的照片画面。

"AEB 连拍"模式的设置

8.2.4　连拍

使用"连拍"模式可以选择连拍照片的数量，例如 3 张、5 张、7 张等。适合在风速较大时或者夜间拍摄时使用，能有效提高出片率。

"连拍"模式设置

8.2.5　定时

使用"定时"模式可以设定无人机的拍摄倒计时时间，可设置为 5s、7s、10s、15s 等最高到 60s 的时间。

定时拍摄模式设置界面 1

定时拍摄模式设置界面 2

8.3　录像模式的选择

在 DJI FLY App 的飞行界面中，点击"胶片"　　图标，选择"录像"，之后可以看到，有"普通""夜景""探索""慢动作"等模式。

录像模式选择界面

录像模式

设定"普通"模式，开始拍摄后可以看到在拍摄按钮下方有了计时信息

选择不同的录像模式，会显示对应的图标，所拍摄出的画面效果也会有较大差别，用户可以自行尝试

8.4　训练无人机基础飞行动作

8.4.1　上升、悬停与下降

　　上升、悬停与下降是学习无人机操作的第一步，只有掌握了这 3 个最基础的飞行动作，才能进一步提高飞行技术。笔者建议用户通过简单的基础训练熟悉操作手感。

　　升起无人机后，轻轻推动左侧摇杆，无人机将进行上升动作。当无人机上升到一定高度时就能松开摇杆，使其自动回正稳定。这时无人机的飞行高度、角度都不会发生变化，处于悬停状态。此时如果有美景出现，可以按下遥控器上的拍照按钮，记录下这一时刻。

无人机上升飞行

在无人机上升过程中，新手一定要切记不要让无人机离开自己的视线范围，且最大飞行高度不超过 125m。当无人机飞至高空时，将左侧的摇杆缓慢向下推，无人机开始下降。下降时要保证速度稳定，否则可能出现重心不稳、偏移等问题。

无人机下降飞行

8.4.2 左移右移

左移右移是无人机飞行最简单的下行动作之一。将无人机上升到一定高度后，调整好镜头视角，向左或向右轻推右侧摇杆，即可完成左移右移的操作。在此过程中，可以按下视频录制按钮，此时拍摄出来的视频运镜叫作侧飞镜头，在后面运镜的章节中我会详细介绍。

无人机左移与右移飞行

8.4.3 直线飞行

直线飞行也是无人机飞行操作中最为基础的一种。将无人机上升到一定高度之后，调整好镜头的视角，然后向上轻推右侧摇杆，即可完成无人机的向前飞行操作。

　　如果用户想拍摄慢慢后退的镜头，可以让无人机缓慢地向后退行。此时会有连续不断的全景展现在观众眼前。后退下行的操作也很简单，用户只需要向下轻推右侧摇杆，即可。

无人机前进与倒退飞行

8.4.4　环绕飞行

　　环绕飞行就是无人机沿一个指定热点环绕，高度、速度、半径在环绕过程中保持不变。此过程可以最大限度地展现主体，形成 360°的观景效果，十分震撼。

　　下面介绍无人机手动环绕飞行的操作手法。首先要将无人机升至一定的高度后，相机镜头朝向被绕主体，平视拍摄对象。然后向左轻推右侧摇杆，使无人机向左侧侧飞，同时左手向右轻推左侧摇杆，使无人机向右旋转，两手同时向内侧打杆。无人机将围绕目标做顺时针环绕飞行动作。如果想让无人机做逆时针环绕飞行的话，只需要两手同时向外侧轻轻打杆即可。

无人机环绕飞行

8.4.5 旋转飞行

旋转飞行也称作原地转圈或 360° 旋转，指的是无人机飞到高空后，可以进行 360° 的自转，此时利用俯拍镜头可以拍摄旋转的上帝视角视频。旋转无人机的手法其实很简单，如果用户想要无人机逆时针自转，只需要向左轻推左侧摇杆；如果想要顺时针的话，只需要向右轻推左侧摇杆。

无人机逆时针旋转飞行

8.4.6 穿越飞行

穿越飞行的难度是非常高的，笔者建议新手不要轻易尝试，只有对自己的技术有充足的把握后才可以尝试。许多无人机高手也都在穿越飞行过程中不幸炸机，因为在穿越过程中视线会受到一定程度的影响，且飞行速度很快，来不及反应就会撞墙。但是拍出来的视频会有非常惊喜的效果。例如，穿越一个洞穴，冲出洞口时，会有让观众眼前一亮，有一种豁然开朗的感觉。

下图所示为无人机穿越一个洞穴的路线图，当无人机穿越洞口后再向上飞行就会展现出完整的海岸线景象，视觉冲击力很强，但是撞到墙壁的概率也很大。所以穿越飞行是一种高风险、高回报的飞行手法。

无人机穿越洞穴飞行

8.4.7　螺旋上升飞行

螺旋上升是前面讲的原地转圈的升级版，也就是在原地转圈的基础上加上上升的动作，二者结合起来就是螺旋上升动作。这样拍摄的话，目标主体会越来越小，更好地交代了拍摄背景与环境，画面空间感很强。具体操作手法为：云台朝下，左手向上轻推左侧摇杆的同时右手缓慢向左或向右推动右侧摇杆，组合打杆。

无人机螺旋上升飞行

8.4.8　画 8 字飞行

画 8 字飞行是前面讲过的手动环绕飞行的加强版本，也是飞行手法中难度比较高的一种。笔者建议用户在前面的基础飞行动作练熟之后再来尝试，因为画 8 字需要用户对于摇杆的使用很熟练，需要左右手的完美配合才能达成。

首先需要顺时针画一个圆圈，具体手法为：右手向左轻推右侧摇杆，无人机将向左侧侧飞，同时左手向右轻推左侧摇杆，即两手同时向内侧打杆，使无人机顺时针做画圈运动。顺时针画圈完成后，马上转换方向，通过双手同时向外打杆，以逆时针的方向飞另一个圆圈，即可完成一个完美的 8 字飞行。此飞行动作需要用户反复练习多次才能做好，做好此动作也侧面说明对于摇杆的使用已是如鱼得水，可以顺畅地飞行无人机了。

无人机画 8 字飞行轨迹

8.5 大师镜头

　　使用"大师镜头"功能，无人机会提醒你框选需要拍摄的目标，一般是以人物或某个固定物作为被摄对象。选定目标后，系统会提示你"预计拍摄时长2分钟"，无人机会根据预设自动飞行，执行包括渐远模式、远景环绕、抬头前飞、近景环绕、中景环绕、冲天、扣拍前飞、扣拍旋转、平拍下降、扣拍下降在内的10个飞行动作，最后自动返航至起降点。

"大师镜头"设置界面

框选目标后，点击"Start"开始拍摄大师镜头

　　使用"大师镜头"功能拍摄时要选择开阔空旷的场地，避免无人机在自动飞行中碰到障碍物。一切都准备就绪后，点击"Start"按钮拍摄一段完整的航拍大片吧。

8.6　一键短片

　　"一键短片"功能和"大师镜头"功能一样，都是大疆进行了算法升级后的产物。选择此功能后，无人机也会根据系统预设的飞行轨迹自动飞行并拍摄素材，然后将视频素材剪辑成片，十分适合不会剪辑的新手和懒人使用。

　　"一键短片"的部分功能与"大师镜头"功能有所重叠。"大师镜头"功能是按照预设进行拍摄素材的自动拼接整合，而一键短片功能则是把各个飞行动作拆分成多个小动作，包括"渐远""冲天""环绕""螺旋""彗星""小行星"等模式，每个小动作都会有短则几秒长则几十秒的飞行，但都是只执行单个动作。你可以根据拍摄场景和需求构思并执行自己想要的飞行动作，从而拍出令自己满意的短片画面。下面分别介绍这 6 种模式的不同之处。

8.6.1　渐远

　　"渐远"模式下，无人机会面朝选定的被摄目标，一边后退上升一边拍摄。

"渐远"模式

选择"渐远"模式后，屏幕上会出现多个由系统自动搜寻到的目标，直接点击绿色标记可以将其作为目标

大部分情况下，我们可以手动框选画面中的拍摄目标，目标处会出现一个绿色方框。屏幕下方可以选择飞行距离，无人机会根据拍摄目标执行飞行动作。

手动选择拍摄目标，设置飞行距离

设置完成后，点击"Start"按钮即可开始渐远模式的飞行。飞行前仍需注意飞行路径中是否存在障碍物，避免发生危险。

8.6.2 冲天

"冲天"模式下，无人机会俯视拍摄目标并快速上升。

"冲天"模式

同样的，依旧是先框选目标，选定目标后在屏幕下方调整飞行高度。

选定拍摄目标

接下来检查无人机上空是否有障碍物，确认无误后，点击"Start"按钮，开始执行"冲天"模式飞行。

8.6.3　环绕

"环绕"模式下，无人机会保持当前高度，环绕目标飞行一圈。使用环绕模式可以自行调节云台俯仰角度，以拍摄出符合你需要的画面效果。

"环绕"模式

"环绕"模式下的警示信息

8.6.4　螺旋

"螺旋"模式下，无人机会螺旋爬升高度，上升后会后退并环绕目标一圈。

"螺旋"模式

执行"螺旋"模式的时候可以设置旋转的最大半径，一定要在确保无人机安全的情况下进行合理的设置。

设置最大半径

8.6.5　彗星

"彗星"模式与其他"一键短片"模式的目标选择操作基本完全相同，所不同的是启动后无人机飞行轨迹不同，就会让拍摄的画面也不一样。具体来说，确定拍摄目标后，无人机绕着目标飞行，并且是在环绕飞行的同时逐渐飞远，到最远点后再逐渐飞近，形成一段椭圆的飞行轨迹。

设定"彗星"模式

8.6.6　小行星

　　"小行星"模式是比较有意思的一种短片模式,设定后,无人机会调整拍摄距离和拍摄角度,进行 360°全景接片,最终生成一段照片由单一视角变为小行星效果的短视频。

"小行星"模式

8.7　超帅的两大航拍功能

8.7.1　焦点跟随拍摄,拍出电影大片感

　　DJI Mavic 3 系列无人机均支持焦点跟随拍摄功能,使用这一功能拍摄视频,可以得到视角始

终跟随目标移动的效果。通过合理控制画面的取景，用户可以拍出类似于电影大片的既视感。

　　使用 DJI Mavic 3 系列无人机的焦点跟随功能时，操作是比较简单的。在正常的取景界面，用户只要手指划动框选跟随目标，系统就会弹出框选区域及相应的操作界面。

　　需要注意的是焦点跟随的目标一般为人物、动物或车辆，并且无人机的高度不宜太高，否则系统可能无法识别所选择的跟随目标，或者在跟随过程中容易丢失目标。

　　框选跟随目标后，在跟随拍摄设定界面中有"跟随""聚焦"和"环绕"这几种选项，只要我们掌握了跟随这一选项的使用方式，其他两种也就都掌握了。下面我们将以跟随这一选项的使用方式为例进行讲解。

在取景界面中手指划动框选目标对象，这里选择的是白色的车辆，之后在下方的操作界面中点击"跟随"

前述步骤操作成功后，"跟随"选项会变为"GO"，上方有"追踪"和"平行"两个选项，这里选择"追踪"，
表示无人机将追踪目标飞行，飞行期间会有相对高度的变化。如果选择"平行"，无人机同样会追踪目标，
但会与目标平行飞行。点击它，无人机会开始跟随目标移动

开始跟随功能后，点击右侧的拍摄按钮，即可开始录像

8.7.2　航点飞行拍摄，转瞬间的时光流转

一般来说，使用无人机拍摄视频，时间都不会特别长，所以在整段视频内的光影变化是很小的。但借助 DJI Mavic 3 系列无人机的航点飞行功能，却可以在极短的时间里让拍摄的视频实现由白天转黑夜等神奇光影变化和时光流转效果。

下面我们来看航点飞行功能的使用方法。

点击画面左侧的航点飞行标记，开启航点飞行功能，此时界面下方打开航点飞行设置界面。

开启航点飞行

点击下方的带加号的航点按钮，增加一个航点画面，当前的取景画面会被设为第一个航点。

增加第一个航点

　　控制无人机飞行到合适位置后继续点击加号按钮，增加第二个航点。用同样的方法增加多个航点。

增加第二个航点

　　一般来说，第一个航点是无人机开始录制视频的位置，最后一个航点是结束录像的位置。设定好多个航点之后，单击第一个航点。此时会进入航点设置界面，在其中点击"相机动作"，滑动下方的动作列表，选择"开始录像"。也就是在航点 1 位置开始录像。

设置"开始录像"

点击左侧的返回按钮，返回上一个界面，选择最后一个航点，进入航点设置界面之后，将航点的动作设为结束录像，返回。

设置"结束录像"

点击"下一步"按钮。

"下一步"按钮

进入下一个设置界面，在其中将全局速度设到最高；设定好"飞行速度"后，点击"GO"按钮。

设置"飞行速度"

这样，无人机会回到航点 1 的位置，沿着我们设定的路线，飞行并录像，飞行完毕之后，系统会自动上传我们设定的航点。

自动上传航线

航线上传完毕并录像完毕之后，我们可以点击左侧的航点飞行按钮，在打开的界面中选择"保存并退出"选项退出航点飞行功能。

保存航线

过一段时间，比如说天黑时，或是整个环境光线有了较大变化时，我们可以再次开启航点飞行功能。在打开的航点飞行界面左侧点击文档形状的按钮。

文档形状按钮

展开"历史任务"界面，在其中点击我们上传的航点路线。

"历史任务"界面

此时会再次载入航线。直接点击"下一步"按钮。

再次载入航线

　　进入下一个设置界面，正常来说下一个界面是不需要调整的，完全按照之前的航线再次执行任务就可以，点击"GO"按钮。

再次执行任务

无人机会再次执行我们之前设定的航线任务，同时录像。

飞行并录像

执行航线并录像完毕之后，无人机会自动返航，这时我们可以取消返航，或任由无人机返航。

自动返航

最终我们会得到不同时间段拍摄的路线、视角完全相同的两段视频。在剪映等软件中将两段视频进行叠加就可以得到瞬间有光影变化的视频效果。

第 9 章

航拍运镜实战

本章将介绍无人机航拍视频的运动镜头概念与实拍，介绍悬停、拉升等多种无人机控制与实拍内容。

9.1 运镜（运动镜头）实战

在电影或电视剧中，经常会出现无人机拍摄的航拍镜头，航拍的视频不但视觉冲击力十足，而且有着非常炫目的效果，因其独有的高度优势吸引了大批观众。本节将介绍无人机多种运镜拍摄手法，帮助用户拍出流畅、好看的航拍视频。

9.1.1 旋转镜头

旋转镜头指的是无人机飞到指定位置后，旋转机身进行拍摄。航拍旋转镜头是指云台不变，无人机机身旋转拍摄，或者无人机机身不变，云台旋转拍摄的镜头。下面这组视频截图是笔者在青海利用旋转镜头手法拍摄的。拍摄旋转镜头，只需要左手向左或向右打杆，无人机就会向左或旋转，之后点击"录制"按钮即可开始拍摄视频。

旋转镜头画面1

旋转镜头画面2

旋转镜头画面3

旋转镜头画面4

旋转镜头的主要作用：一是展示主体周围的环境，而非主体本身，展现空间，扩大视野；二是增强镜头的主观性；三是通过依次展现不同主体，暗示其相互之间的特殊关系；四是用于制造悬疑感或期待感。

9.1.2 俯仰镜头

在视频画面中，拍摄角度不同，拍摄对象在观者视觉范围内的方位、形象就会变化，从而引起观者对拍摄对象的注意，改变观者的心理反应。仰拍就是云台以由下往上、从低向高的角度拍摄，仰镜头代表了观者向上仰望的视线。俯拍就是云台以从高往低、由上往下的角度拍摄，俯镜头代表了观者向下俯视的视线。

俯仰镜头很容易操作，在录制视频时右手拨动云台拨轮即可。一般情况下，云台的俯仰会伴随无人机的向前或向后移动，这样组合出来的拍摄效果更佳。下图所示是前进俯仰镜头，视频画面慢慢地展现主体，是一种独特的运镜手法。

俯仰镜头画面 1

俯仰镜头画面 2

俯仰镜头画面 3

俯仰镜头画面 4

9.1.3 环绕镜头

航拍环绕镜头又称为"刷锅"，是指拍摄的主体不变，无人机环绕主体做圆周运动，云台始终跟随主体，并通常将主体置于画面中央拍摄的镜头。环绕镜头的主要作用：一是突出主体的重要性；二是增加场景的紧张情绪；三是增加画面的动感和能量。环绕镜头的操作在前面手动环绕飞行章节中已介绍过，这里不再重复。

环绕镜头拍摄的视频画面，画面中的环绕目标是笔者自己。以主体为中心环绕拍摄，可以引导观者的视线聚焦于主体。

环绕镜头画面 1

环绕镜头画面 2

环绕镜头画面 3   环绕镜头画面 4

9.1.4 追踪镜头

追踪镜头是无人机追随移动目标进行拍摄，常用来拍摄行驶中的汽车、船只等目标。追踪镜头有着很强的画面感染力，充满动感，能让观者身临其境，感受到飞翔的感觉。追踪镜头拍摄难度较大，需要拍摄者对无人机的操作相当熟悉，左右手相互配合，甚至要同时控制无人机的前进、转向与云台的俯仰动作。同时拍摄追踪镜头还需要两人配合，司机要控制好车速与行驶路线，飞手要时刻关注目标动向，两者配合完美才能出片。

这是在青海拍摄的追踪镜头，目标主体是两辆行驶中的汽车。

追踪镜头画面 1   追踪镜头画面 2

追踪镜头画面 3   追踪镜头画面 4

9.1.5 侧飞镜头

侧飞镜头是无人机位于拍摄对象的侧面运动所拍摄的画面。无人机运动方向与拍摄对象的位置关系通常有平行和倾斜角两种。当场景中的元素比较多时，无人机平行于场景运动，这样的镜头能够连续性地展示场景中的元素，拍摄的画面像一幅画轴一样延展开来，通常用于交代环境信息。

　　这是笔者在青海拍摄的侧飞镜头，展现了奇特的雅丹地貌。

侧飞镜头画面 1

侧飞镜头画面 2

侧飞镜头画面 3

侧飞镜头画面 4

9.1.6　向前镜头

　　向前镜头是无人机运镜中最简单的拍摄方式，只要保持无人机前进即可。这是最常用也是最基本的手法之一，一般是在拍摄海岸线、沙漠、山脊、笔直的道路等场景时使用。画面中镜头向前移动，也可从地面慢慢抬头望向远处，镜头一气呵成。向前镜头通常用来表现前景，将其慢慢地呈现在观者眼前，有一种揭示环境的作用。同时向前镜头也是最适合新手的，因为向前飞行可以很明显地看到前方的障碍物，从而可以提前规避。

　　这是笔者在青海拍摄的向前镜头，无人机穿梭在雅丹地貌之间，有一种探索的氛围，十分有趣。

向前镜头画面 1

向前镜头画面 2

向前镜头画面 3   向前镜头画面 4

9.1.7　向后镜头

　　虽然只有一字之差，但先向后镜头的操作难度比向前镜头大很多，主要是因为无人机在后退飞行的过程中无法观测到后方的障碍，导致炸机率升高。直线向后飞行，镜头也要跟随后退，这也是一种基本的拍摄手法，特别的是在特定的环境中，例如拍摄日出日落等，边退边拍，拍摄出的视觉效果也很特别。向后镜头最大的特点是不确定性，作为观者，很难预测接下来会有什么静物出现在眼前，增加了视频趣味性。

　　这是自拍向后镜头，拍摄于青海。此类片段常在视频收尾时使用。

向后镜头画面 1   向后镜头画面 2

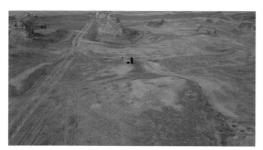

向后镜头画面 3   向后镜头画面 4

9.2 多种拍摄手法

除了多种运镜需要掌握，笔者还准备了多种拍摄手法供读者学习。学会这些拍法后，就能在航拍视频领域有所发展，有所创造，从航拍小白晋升为专业人士。

9.2.1 俯视悬停

俯视视角只有无人机才可以实现，因为视角完全 90°垂直向下并处于拍摄目标的正上方。因其独特的呈现方式，又被广大飞手称为"上帝视角"。俯拍镜头不同于其他镜头语言，其最独特的地方在于能把三维世界二维化，让观者以平面视角重新认识这个世界，十分吸引人。

俯视悬停是指无人机静止在空中，云台相机完全向下垂直 90°拍摄。一般用来拍摄移动的目标，比如船只、汽车等，算是一种空镜。这种片段可以用于填补视频空白。这是我在西部公路上空拍摄的一段俯拍视频，画面中的车辆为视频带来了动感。

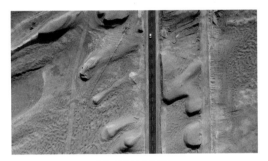

俯视悬停镜头画面 1

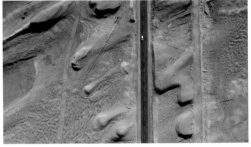

俯视悬停镜头画面 2

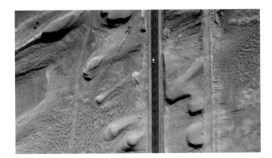

俯视悬停镜头画面 3

俯视悬停镜头画面 4

9.2.2 俯视向前

俯视向前拍法在很多电影中经常见到，常用来展示"上帝视角"下的摩天大楼，有很强的压迫感。值得注意的是，用俯视向前拍法拍摄时，飞行速度不要过快，要保持慢速匀速飞行，这样对于观者来说才更方便看清被展示的目标。这是笔者在青海翡翠湖拍摄的俯视向前镜头，展现了翡翠湖漂亮的纹理。

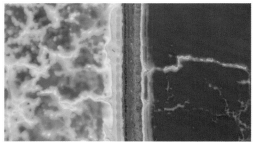

俯视向前镜头画面 1

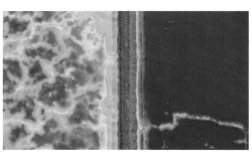

俯视向前镜头画面 2

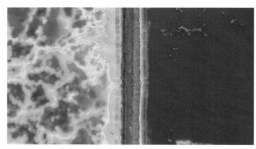

俯视向前镜头画面 3

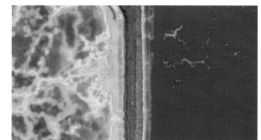

俯视向前镜头画面 4

9.2.3　俯视拉升

俯视拉升会让画面越来越广，幅度可能跨越特写到远景，是一种很好的由小到大的展示方法。垂直拉升无人机的过程是逐步扩大视野的过程，画面中也会不断显示周边的景象。这是笔者在青海艾肯泉拍摄的俯视拉升镜头，在这个过程中，观者看到了由中景到全景的过程，视野越来越开阔，很好地交代了周边环境变化。

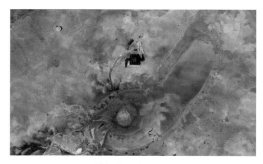

俯视拉升镜头画面 1

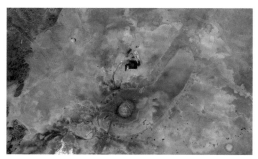

俯视拉升镜头画面 2

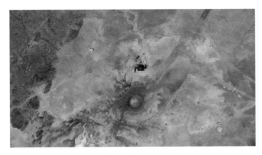

俯视拉升镜头画面 3

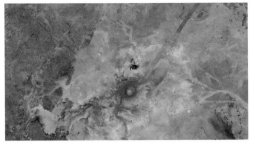

俯视拉升镜头画面 4

9.2.4　俯视旋转

　　俯视旋转拍法就是无人机悬停在空中，控制机身自转，用垂直向下的"上帝视角"拍摄，展现无人机所在的环境，有绚丽的视觉效果。下图拍摄的是青海艾肯泉（"恶魔之眼"）的俯视旋转镜头，用旋转的手法衬托其神秘，让观者有沉浸感、代入感。

俯视旋转镜头画面 1

俯视旋转镜头画面 2

俯视旋转镜头画面 3

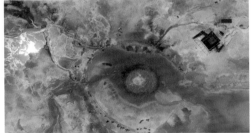

俯视旋转镜头画面 4

9.2.5　旋转拉升

　　旋转拉升是俯视旋转拍法的升级版，加入了上升的动作。这与之前章节讲的无人机基础飞行动作之螺旋上升的操作手法相同，只不过此时云台相机垂直向下拍摄。拍摄时请注意，要把拍摄目标时刻放在画面中心位置（难度很大，需要多多练习），然后轻轻控制摇杆，这样拍出来的画面才稳定，同时吸引观者。

同样是拍摄青海艾肯原（"恶魔之眼"），只不过这次加入了拉升动作，旋转的同时视野慢慢变得开阔，是一种高级拍摄手法。

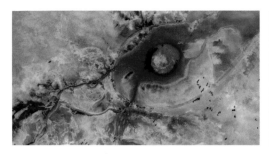

旋转拉升镜头画面 1

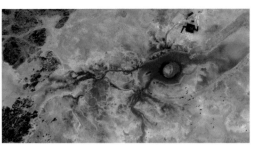

旋转拉升镜头画面 2

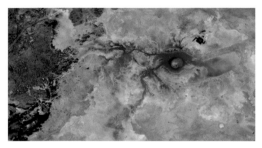

旋转拉升镜头画面 3

旋转拉升镜头画面 4

9.2.6 侧飞追踪

侧飞追踪拍法是侧飞镜头与追踪镜头的合体。侧飞追踪拍法需要拍摄者操作无人机水平移动的同时对目标进行追踪，行进的速度既不能快也不能慢，要保持与移动目标的相对静止，展示了主体的运动方向及状态，使观者的视线能有所停留。在汽车广告或公路电影中我们常会见到这类镜头。这样拍不仅可以展现宏大的场面，同时可以为视频带来不错的动感。

这是笔者在青海拍摄的侧飞追踪镜头，追踪目标是白色的越野车。

侧飞追踪镜头画面 1

侧飞追踪镜头画面 2

侧飞追踪镜头画面 3

侧飞追踪镜头画面 4

9.2.7　飞跃主体

　　飞跃主体拍摄手法是一种高级航拍技巧。无人机朝目标主体飞去，此时是平视视角。在越过其最高点时，转换为俯拍视角飞越目标。因为无人机和云台相机在不停变换角度，所以画面会有很强的动感与未知性，当然也更有吸引力。这是笔者用飞跃主体拍摄手法在天津火车站拍摄的画面。

飞跃主体镜头画面 1

飞跃主体镜头画面 2

飞跃主体镜头画面 3

飞跃主体镜头画面 4

9.2.8　遮挡揭示主体

　　遮挡揭示主体是一种比较高级的镜头语言，本质是侧飞镜头的一种应用。首先需要将与主体无关的景物作为拍摄对象，景物要足够大，因为要完全挡住后面的主体，给观者留下悬念。然后使用侧飞镜头拍法缓慢匀速地左移或右移无人机，直至主体被完全揭示，此时拨云见日，观者会眼前一亮。

笔者将"天津之眼"作为拍摄主体，利用前方的居民楼作为遮挡，向右侧飞拍摄，主体逐渐被揭示。

遮挡揭示主体镜头画面 1

遮挡揭示主体镜头画面 2

遮挡揭示主体镜头画面 3

遮挡揭示主体镜头画面 4

第 10 章

城市风光与自然风光实拍

　　航拍取景的两大热门类别一定是自然风光与城市风光。本章将会介绍多种风景类型及航拍方法，结合前文中学到的操作技巧和参数设置，教大家拍摄出优秀的航拍作品。

10.1　城市风光

　　城市风光是一种非常常见的无人机航拍题材。在近百年来，城市建设一直是大家生活中的主旋律，城市建筑也从过去千篇一律的样貌加入了许多设计灵感，变得更加具有艺术性，这些美丽的建筑与自然融为一体，相互呼应，让人类与自然和谐发展。航拍的城市画面，可以让更多人看到世界上那些美丽的"角落"。

10.1.1　地标建筑

　　高楼往往作为一个城市的地标建筑而存在，一说到阿联酋的迪拜，我们就会想到世界最高的哈利法塔。如今，地标建筑已经成为代表城市的名片，所以在拍摄城市建筑时，可以选取当地具有很强代表性的地标建筑进行拍摄。

白天的哈利法塔　　　　　　　　　　　　　　　夜晚的哈利法塔

　　位于多伦多市区的加拿大国家电视塔是当地的地标建筑，在无人机航拍视角中，电视塔会与整个城市的楼房高度形成鲜明的差对比，只要合理规划取景和景别就可以拍出好看的作品。

　　除了高楼，很多城市都有自己的特色建筑，例如北京的万里长城。

加拿大国家电视塔

"仙雾"缭绕的万里长城

　　再比如，一提到巴西的里约热内卢，除了沙滩和桑巴以外，大家还会联想到这座城市著名的耶稣像，它伫立在山上，张开双臂"拥抱"整个城市。用无人机进行航拍的时候，可以让雕像和城市同框。

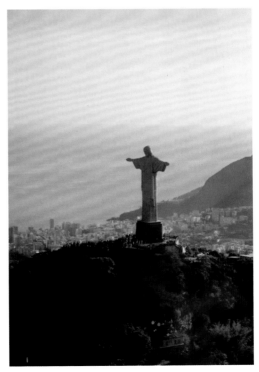

里约热内卢的耶稣像

10.1.2　建筑群体

　　有地标建筑的城市只是一小部分，许多城市都有统一的建筑风格，在这些地方进行航拍时，很难找到一个突出的建筑物作为拍摄主体。这时，我们就要换一种思路和方法，可以考虑拍摄建筑群体。例如，在拍摄希腊圣托里尼的白色建筑群时，我们将无人机升空后可以发现，整个海岸线的建筑都是统一的色调和风格。这时可以尝试将无人机飞远，让整个城镇的全貌融进画面当中，取景时一半城镇一半海水，合理安排画面布局。

被海水环抱的圣托里尼

　　城镇中最著名的建筑就是圣托里尼教堂，可以将无人机飞至教堂上方，选择合适的角度和高度进行取景拍摄。

　　最后我们可以操作无人机升高高度，通过垂直俯拍的方式将整个城镇拍摄进去，房屋的边界及道路的延伸方向都会以不同于地面拍摄的角度呈现出来。

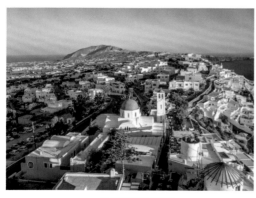

航拍圣托里尼教堂　　　　　　　　　　　垂直俯拍圣托里尼的白色建筑群

10.1.3　体育场馆

　　体育场馆是城市风光中的重点拍摄题材。各大城市都有大大小小的体育馆，这些建筑非常有特色，尤其是为承办北京奥运会建立的鸟巢、水立方，以及为举办杭州亚运会承建的各大崭新的体育场馆。例如，位于杭州市钱塘江南岸的杭州奥体中心体育场，场馆的设计理念源于钱塘江水的波动和杭州丝绸的飘逸，因其外形由 28 片大"莲花瓣"及 27 片小"莲花瓣"组成，酷似一朵盛开的莲花，因此也被大家亲切地称为"大莲花"。"大莲花"旁边还有一座"小莲花"，这座超有亮点的建筑叫杭州奥体博览城网球中心，它也是亚运场馆之一。在航拍体育馆时，一定要在保证空域合法和飞行安全的情况下进行拍摄。

杭州奥体中心体育场——"大莲花"

杭州奥体博览城网球中心——"小莲花"

　　此外，大大小小的橄榄球场、足球场、篮球场等也是无人机航拍的绝佳素材。很多体育场都有明艳的色彩，在城市建筑中独树一帜，尤其是在空中视角拍摄颇为亮眼。

橄榄球场

足球场

　　还有一些户外的体育项目，如船类比赛等，比较适合用无人机航拍。一是因为拍摄环境相对开阔，没有禁飞限制；二是因为无人机在拍摄时不易对运动员的发挥造成影响。虽然这在严格意义上并不属于城市风光，但是可以作为体育场馆的细分题材来安排。

  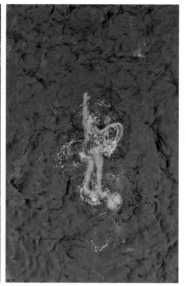

划船比赛	游泳比赛	游泳比赛特写

10.1.4　城市交通

　　城市交通包括公路、铁路、桥梁、机场等，其中机场是明确禁止无人机飞行的，但我们还是经常看到网络上有人分享航拍机场的照片，其实这些照片多数是在机场启动之前拍摄完成的，千万不要违法黑飞！

　　最为常见的当属公路交通，不论是高速公路、国道、县道、乡道或是田野间的小路，在无人机的空中视角都会是一种很好的拍摄素材。可以将公路简单分为直线和曲线两种，直线类型的公路容易让人感觉呆板和无趣，这时我们就可以借助路旁的图形进行构图，让画面显得更有活力。

图形搭配构图

在特定的季节里利用颜色来衬托公路，使道路呈现出不同寻常的画面风格也是不错的选择。例如，秋季色彩缤纷的树木可以形成色彩对比，冬季下过雪的道路也会让人产生纯净空旷的感觉。现在也很流行对一段道路进行不同季节的拍摄记录，将不同季节的同一段道路的视频进行拼接，从而呈现出走过四季的感觉，有兴趣的朋友可以尝试一下。

公路两旁的树木形成色彩对比　　　　　　　　　　　　　　用雪景衬托公路静谧的美感

相对于直线的公路，弯曲的公路在画面中会显得更加灵动。我们可以参考前面讲过的构图方法，尝试用对角线构图或其他任意构图方式去拍摄，在摸索构图的过程中也可以快速提升审美。

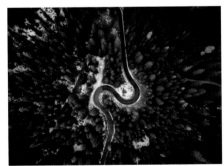

对角线构图　　　　　　　　　　　　　　　　　　　　　　　居中构图

我们也可以多去搜索无人机航拍攻略，特意寻找那些特殊的曲线道路，例如，有多个连续转折弯道的盘旋山路等。

如今，高架桥越来越多地出现在城市道路中，我们可以寻找具有形状特点的高架桥或匝道从空中进行俯拍，也可以得到有趣的画面效果。

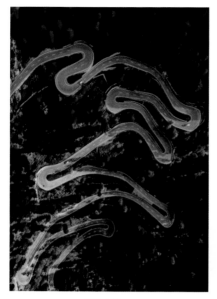

盘旋山路

高架桥的心形匝道

8字形的立交桥

除了高架桥之外，有些跨江或跨海大桥也值得拍摄。相对于白天的拍摄环境，更推荐晚上去拍摄桥梁，利用大光圈和慢速快门，可以得到"流动"的桥面。

"流动"的桥面

　　铁路轨道也是很好的拍摄场景，构图时，可以考虑使用垂直构图或消失线构图。垂直构图适合俯拍多条平行排列的铁路轨道，在站台或枢纽站可以很容易找到多条铁轨并排的场景，但如果铁轨数量较少，拍出来的效果就没那么有冲击力。消失线构图适合拍摄多条铁轨的交汇处，让观者的视线沿着铁轨汇聚到远方，直到消失在地平线上。拍摄时无人机的高度可以飞低一些，以保证靠近无人机这一侧的铁轨尽量占满画面下边缘。

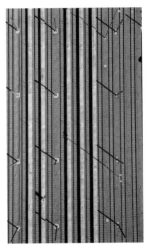

垂直构图　　　　　　　　　　　　　　消失线构图

10.1.5　反差对比

　　有反差就会有对比，城市中有很多楼群，可以利用无人机找到合适的位置角度将其拍摄下来，展现城市建筑。下页上图中的前景基本都是矮小的房屋，随着视线向远处延伸，城市的高楼在逐渐增加，与前景中的低矮房屋形成对比。

城市建筑的高矮对比

10.1.6　特定天气

　　在某些特定的天气下，可以通过无人机拍摄特殊效果的照片。比如，在城市上空出现平流雾时，我们将无人机飞越平流雾层，就可以拍摄出"城市云海"的特殊景象。

平流雾笼罩的城市 1

平流雾笼罩的城市 2

10.1.7　特殊图形

图形拍摄是无人机航拍中较为常见的一种拍摄方法，通过空中视角来对目标主体进行拍摄，能看到和地面完全不同的建筑图形，那些从地面上看起来很平常的房屋在空中俯瞰的时候是另一种景象。例如，西班牙巴塞罗那的建筑就是如此，当你将无人机升至空中去俯瞰整个城市的时候，展现在你面前的是一个个整齐排列的规则矩形。

类似的矩形图案还有很多，在停满汽车的停车场或装卸仓库，使用无人机在空中进行垂直俯拍，也能拍出很有冲击力的图形画面。

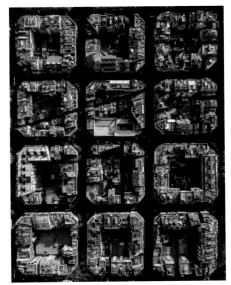

航拍巴塞罗那的矩形建筑群

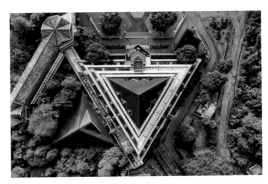

空中视角的停车场呈现出矩形图案

在空中俯拍除了可以看到矩形形状的物体，还可以通过更多的飞行时间去寻找其他类型的图案，比如三角形、多边形、圆形等规则图形，又比如星星形状、凤凰形状、树叶形状、花瓣形状等不规则图形，亦或是多种图形结合。多去寻找拍摄角度，你会发现更多的构图乐趣。

俯拍三角形

俯拍箭头形

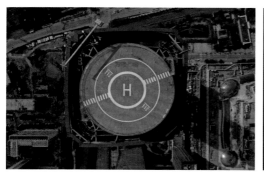

俯拍圆形

俯拍棒棒糖形

俯拍花瓣形

俯拍树叶形

俯拍组合图形

俯拍圆环形

10.2　自然风光

自然风光是很多无人机航拍爱好者最喜欢的拍摄题材。以空中视角俯瞰地球，将镜头聚焦最具代表性的风景，用无人机进行多层次影像呈现，立体化展示这颗美丽星球上的地形地貌、气候环境及自然生态，让观者以一个全新的角度看到美不胜收的自然景观和丰富多彩的生态环境。

10.2.1　日出日落

日出日落是一天中最值得拍摄的时刻，此时太阳的光线柔和，能给整个环境蒙上一层美妙的色彩。这时拍摄出来的画面是最富表现力的，小光比能让画面呈现出更多的细节以及丰富的影调层次。

在拍摄这类题材的时候，我们要考虑太阳高度及光照亮度会对画面产生的影响。镜头正对光源的情况下，如果太阳位置距离地平线还有段距离或者亮度很高，拍出来的画面前景会变暗，形成剪影效果。这种时候适合将前景作为陪体来衬托主体，只显示前景的轮廓形状而不突出细节，重点表现太阳和背景天空的状态。

海上日出

河流上的日落

城市日落

丘陵地区日出

如果想借助日出日落表现其他拍摄主体的细节，可以采用侧拍的方式这样既保证了光线均匀分布在拍摄主体上不会造成过亮和过暗的情况，也保证了突出日出日落的主题。如右图所示的日落景象，太阳位于无人机云台相机镜头的侧面，镜头则对准画面的主体，也就是山谷中的村落，借助山谷中特有的薄雾拍摄出丁达尔效应，使画面产生一种柔美的感觉。还有一种方法就是在太阳刚要升起或已经落下的时候，对需要拍摄的主体进行航拍，利用柔和的光线营造氛围，从而使建筑主体画面更有美感。

10.2.2 沙滩海滨

沙滩和海边是不少人向往的度假胜地，当我们在海边航拍时，也可以拍摄很多有趣的画面。

首先，沙滩和海水的对比色一定是多数人航拍的第一选择。我们可以根据海岸线的形状和走势巧妙进行构图，让画面既有美感也不显得呆板。

其次，还可以拍摄一些特定的主体元素。比如将被摄人物作为主体进行拍摄，取景时将被摄人物的倒影或在沙滩上留下的足迹纳入画面，再搭配沙滩和海浪，就能构成一幅完整的作品。亦或是让被摄人物躺在沙滩上摆出各种造型作为海滩的点缀，也能拍摄到有趣味性的画面。

侧光环境拍摄日落

左右对比构图

对角线构图

形状构图

沙滩上的人物倒影

有人物点缀的海滩

　　还可以寻找沙滩上的遮阳伞、海边的棕榈树、海岛等固定景物，通过排列构图或黄金比例构图的方式进行取景拍摄。

沙滩上的遮阳伞

海岛

如果只想体现水中的景象，还可以将游船或冲浪的人作为拍摄主体进行拍摄。

正在行驶的游轮

冲浪的人

10.2.3　山川瀑布

拍摄山脉或瀑布题材的风光作品时，根据前面讲过的安全飞行规范和建议，要合理地控制无人机起降点的距离和高度，尽量保障无人机图传信号不会断联，无人机所在的位置位于遥控器可控范围内。取景的时候，需要根据拍摄的题材进行构图设计，例如，我们要拍摄的是连绵起伏的山脉，就可以使用大景别进行取景构图，以体现山川的雄伟挺拔之感。

远景拍摄山脉 1

远景拍摄山脉 1

当我们拍摄具体某一座山峰的时候，则可以不断更换景别来进行取景。例如，在拍摄意大利多洛米蒂山脉中著名的刀锋山时，可以将无人机与山峰的距离拉近，让山峰的主体位于画面的中央并进行拍摄。

近景拍摄刀锋山 1

近景拍摄刀锋山 2

如果拍摄对象不是山峰而是山中的湖泊或其他景物，则需要继续缩小景别来进行拍摄，以突出拍摄对象的特征。

拍摄有代表性的色彩区域时可以俯拍手法。例如，美国加州死亡谷中这个极具颜色代表性的彩虹山，就可以使用俯拍的方式进行构图拍摄。

山谷中的湖泊

死亡谷彩虹山

拍摄瀑布倾泻而下的场景时，需要注意瀑布周边的环境，选择适合的景别进行拍摄。如果是开阔的环境，则适合远景景别；如果周边的环境杂乱，则需要将瀑布尽量多地突出在画面中，采用中景景别拍摄。

远景景别拍摄瀑布   中景景别拍摄瀑布

10.2.4　乡野梯田

　　在广袤的土地上，梯田是田园景色的主旋律之一，使用无人机航拍这类景色时可以选择垂直俯拍或斜向下 45°角的方式进行拍摄。垂直向下的角度适合拍摄纹理明显的农田，表现农田的律动感；或者具有明显边界感的梯田，突出梯田的层次感。

垂直俯拍的农田 1

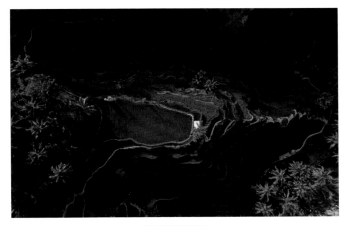

垂直俯拍的梯田

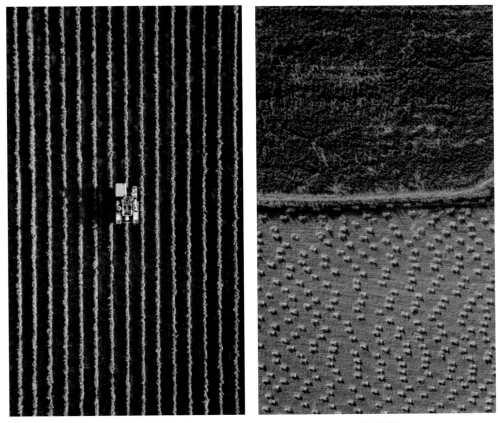

垂直俯拍的农田 2　　　　　　　　　　　　　　垂直俯拍的草场

　　斜向下 45°角适合表现较为宽阔的景象，例如，将农田和附近的村落拍摄在一起时，就可以使用斜角度拍摄。

斜向下 45°拍摄的农田和村落

10.2.5　村落房屋

　　自然风光中有时会存在一些村落和房屋，这些村落已然成为了风景的一部分，融入了山川之中。

　　构图时有两种选择，一种是选择大景别的环境进行拍摄，比如通过较低的高度拍摄村落和环境或者通过较高的高度向下俯拍，两者都是体现整个村落大环境的拍摄方法，适合用于拍摄景色相对简单、无杂乱干扰因素的画面。

村落及环境拍摄 1

村落及环境拍摄 2

　　另一种方法则是选取某一个你认为好看的建筑物或院落进行特写拍摄。这种方法适合用于拍摄整体环境中元素过多的场景，可以避免画面过于杂乱。

单独拍摄院落

第 11 章

无人机延时摄影实战

　　延时摄影，又叫缩时摄影、缩时录影，英文名是 Time-lapse photography。
延时摄影拍摄的是一组照片，后期将照片串联合成视频，把几分钟、几小时甚至是
几天的过程压缩在一个较短的时间内以视频的方式播放。在一段延时摄影视频中，
物体或者景物缓慢变化的过程被压缩到一个较短的时间内，呈现出平时用肉眼无法
察觉的奇异精彩的景象。

11.1　航拍延时的拍摄要点和准备工作

11.1.1　航拍延时的拍摄要点

　　航拍延时不同于地面延时，由于拍摄地在高空，加上气流与 GPS 的影响，无人机时刻都在调整位置，同时云台相机也有或多或少的偏移，最终导致成片出现抖动。为了简化后期去抖流程，笔者总结了几条拍摄经验供参考，下面进行说明。

　　（1）拍摄时要距离拍摄主体足够远，利用广角镜头的优势可以使抖动变得不那么明显。

　　（2）尽量挑选无风或微风天气拍摄，在拍摄前可以查看天气预报，防止无人机飞入高空后剧烈抖动影响出片。

　　（3）飞行速度要慢，一是为了使无人机飞行平稳，二是为了视频播放速度合适。可以使用三脚架模式拍摄，增强画面稳定性。

　　（4）航拍自由延时，先让无人机空中悬停 5 秒，等待无人机机身稳定后再进行拍摄。

　　（5）航拍夜景延时时，尽量选择蓝调时刻，同时快门速度控制在 1 秒左右最佳，这样可以最大程度地保证不糊片。

11.1.2　航拍延时的准备工作

　　航拍延时需要消耗大量的时间成本，比如充电时间、拍摄时间、后期时间等，有时候需要准备好久才有可能出一段视频。如果不想做无用功，就需要提前做好充足的准备，提高出片效率。下面介绍航拍延时的提前准备工作。

　　（1）确定好拍摄对象。寻找立体关系明确，透视效果强的建筑物，这样在之后的移动拍摄时视觉效果会更好。

　　（2）使用减光镜拍摄。拍摄白天有云的题材时，可以考虑装上减光镜以增加曝光时间，这样视频会有动态模糊的效果。

　　（3）保证对焦万无一失。笔者建议航拍夜景延时时，使用手动对焦模式，开启峰值对焦功能，以确保焦点准确。之后，锁定对焦功能，防止拍摄过程中焦点偏移。

　　（4）设置好拍摄参数。笔者建议新手在拍摄夜景延时时，使用 A 挡（光圈优先）拍摄，曝光补偿适当提高一点，这样可以抑制画面中的暗部噪点。熟练的拍摄者可以使用 M 挡（手动模式）拍摄，这样可以在拍摄过程中手动调整参数以保证曝光正常。

11.2　4 种航拍延时模式

　　航拍延时共有 4 种模式，分别是自由延时、环绕延时、定向延时及轨迹延时。选择相应的模式后，无人机会在设定的时间内拍摄设定数量的照片，并生成延时视频。

11.2.1 自由延时

在"自由延时"模式下，用户可以手动控制无人机的飞行方向、高度和云台相机的俯仰角度。下面介绍拍摄自由延时的操作方法。

01 在 DJI FLY App 的飞行界面中，进入拍摄功能选择界面，先选择"延时摄影"，可以看到后面的 4 种延时摄影模式。

"延时摄影"功能

02 进入"延时摄影"模式，点击选择上方的"自由延时"，此时屏幕中会弹出"自由延时"模式的相关介绍。

"自由延时"功能相关介绍

03 点击右侧的"拍摄"按钮，可以看到无人机开始拍摄自由延时视频。

无人机已经开始了"自由延时"的拍摄，下方会显示拍摄时长等信息

04 如果要延长"自由延时"的时长，点击右侧的"+1s"，那么拍摄张数会增加 25 张。也就是说，即无人机每拍摄 25 张照片，会增加 1s 的延时视频。

点击"+1s"，拍摄张数会增加 25 张，拍摄时长会增加 50s

05 照片拍摄完成后，系统即可合成视频。视频合成完毕后，即可完成一个完整的自由延时拍摄流程。

11.2.2　环绕延时

在"环绕延时"模式下，无人机将依靠其强大的算法功能，根据拍摄者框选的拍摄目标自动计算出环绕中心点和环绕半径，然后根据拍摄者的选择做顺时针或逆时针的环绕延时拍摄。在选择拍摄主体时，应选择一个显眼且规则的目标，并且保证其周围环境空旷，没有遮挡，这样才能保证追踪成功。下面介绍拍摄环绕延时的操作方法。

01 进入"延时摄影"模式，点击下方"环绕延时"。此时屏幕中会弹出"环绕延时"模式的相关介绍。

环绕延时模式的相关介绍

02 进入"环绕延时"拍摄界面,此时用手指拖拽框住环绕目标,在下方设置拍摄间隔、视频时长、速度及飞行方向等信息。设置完成后点击右侧的"拍摄"按钮,无人机即可开始拍摄。

框选环绕目标并设置拍摄参数

03 此时无人机将自动计算环绕半径,随后开始拍摄。在拍摄过程中进行打杆操作将退出延时拍摄。

正在进行环绕延时拍摄

04 照片拍摄完成后，界面下方会提示用户正在合成视频。视频合成完毕后，即可完成一个完整的环绕延时拍摄流程。

11.2.3　定向延时

与自由延时不同，定向延时模式下，无人机将沿着拍摄方向前进，并持续拍摄延时。实际上设定"定向延时"模式后，控制器界面上就会出现提醒"无论机头朝向如何，飞机将按设置好的方向飞行拍摄，并合成延时视频"。

当然，在开始拍摄时，要注意提前锁定航向。

"定向延时"模式的相关介绍

可以看到拍摄方向即定向延时的方向

将航向锁定，开始拍摄

11.2.4 轨迹延时

在"轨迹延时"模式下，拍摄者可以在地图中选择多个目标路径点。拍摄者需要提前预飞一遍，在到达预定位置后记录下无人机的高度、朝向和云台相机角度。全部路径点设置好之后，可以选择正序或倒序进行轨迹延时拍摄。下面介绍拍摄轨迹延时的操作方法。

01 进入"延时摄影"模式，点击下方"轨迹延时"。此时屏幕中会弹出"轨迹延时"模式的相关介绍。

"轨迹延时"模式的相关介绍

02 点击底部的"请设置取景点"，在底部会出现多个定位点，点击取景点中间的"+"即可添加取景画面。

点击"请设置取景点"

03 后续我们要添加多个定位点，无人机会自行将多个定位点连接成线路轨迹。后续开始拍摄时，无人机会按照连接生成的线路轨迹前进，并持续拍摄延时。

确定第一个定位点后，系统会提示调整镜头朝向和取景角度

确定第二个定位点

本段延时我们共添加了 4 个定位点

04 完成最后一个定位点的定位后，可点击右下角的"…"按钮进入设置界面，可设置拍摄顺序、拍摄间隔和视频时长等内容。

点击不同项目即可进行设置

设置视频时长为 7s，点击"√"按钮退出设置

05 点击右侧的拍摄按钮，开始拍摄轨迹延时。需要注意，当前无人机是在最后一个取景点位置；由于我们设定的是"正序"拍摄，所以点击拍摄按钮后，无人机会回到第一个取景点位置，调整好角度后才开始拍摄。

无人机飞回起始位置，准备拍摄

第 12 章

利用手机 App 快速修图

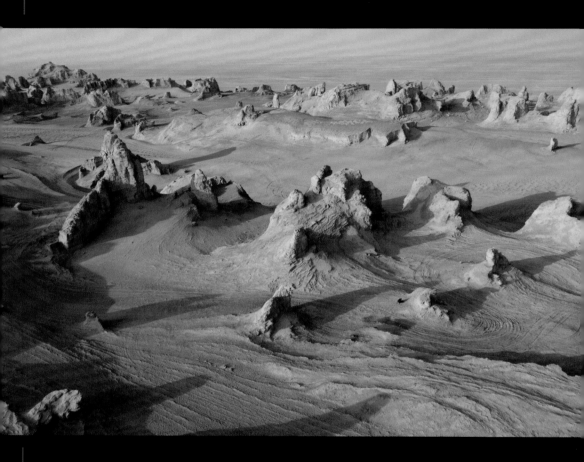

用无人机拍完照片后，用户可以通过数据线将照片导入到手机中，利用手机修图 App 可以方便快捷地处理照片。本章将以 Snapseed App 为例，介绍手机修图的简要流程。用户处理完照片后，可以直接分享到社交媒体，非常高效。

12.1　裁剪照片尺寸

　　Snapseed App 是由 Google 开发的一款全面而专业的照片编辑工具,其内置了多种滤镜效果,并且有着十分完备的参数调节工具,可以帮助用户快速修片。下面介绍 Snapseed App 裁剪、翻转照片的操作步骤。

01 在 Snapseed App 中打开一张照片,点击下方的"工具"按钮。

02 执行上述操作后,点击"剪裁"按钮。

03 进入"剪裁"页面,用户可以选择以各种比例进行裁剪,其中包括正方形,3∶2,4∶3,16∶9 等。也可点击"自由"按钮自由裁剪。

04 拖曳预览区中的裁剪框,选定要保留的区域。

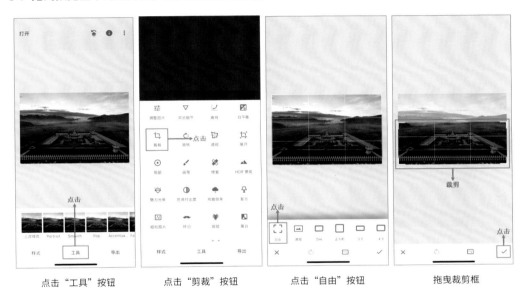

点击"工具"按钮　　　　点击"剪裁"按钮　　　　点击"自由"按钮　　　　拖曳裁剪框

05 确定裁剪区域后,点击右下角的对勾按钮 ✓ ,即可完成裁剪图片的操作。

最终效果

12.2 调整色彩与影调

使用无人机拍摄照片时，尤其是拍摄 RAW 格式文件时，照片的色彩会有所损失，此时需要在 Snapseed App 中进行色彩还原，完善色彩。下面介绍通过 Snapseed App 调整照片色彩与影调的方法。

01 在 Snapseed App 中打开一张照片，点击下方的"工具"按钮。

02 执行上述操作后，点击"调整图片"按钮。

03 进入"调整图片"页面，点击下方的"调整"按钮 ⚭，里面有多种参数可供调节。点击"亮度"按钮。

04 向右滑动屏幕增加照片亮度，我们将"亮度"调整为 +36。

点击"工具"按钮

点击"调整图片"按钮

点击"亮度"按钮

增加亮度

05 点击下方的"调整"按钮 ⚭，点击"对比度"按钮，向右滑动屏幕增加照片对比度、通透度，我们将"对比度"调整为 +24。

06 点击下方的"调整"按钮 ⚭，点击"饱和度"按钮，向右滑动屏幕增加照片饱和度，使画面色彩更鲜艳，我们将"饱和度"调整为 +46。

07 点击下方的"调整"按钮 ，点击"高光"按钮，向右滑动屏幕增加照片高光，使画面光感更强，我们将"高光"调整为 +32。

增加"对比度"　　　　　增加"饱和度"　　　　　增加"高光"

08 完成照片的调色后，最终效果如下图。

最终效果

12.3 突出细节与锐化

　　如果无人机拍摄的是 RAW 格式文件，那么照片的细节就有很多可以突出的地方。应用锐化工具可以快速聚焦模糊边缘，提高图像中某一部位的清晰度或者焦距程度，使图像特定区域的色彩更加鲜明。下面介绍利用 Snapseed App 对照片进行锐化的操作步骤。

01 在 Snapseed App 中打开一张照片，点击下方的"工具"按钮。

02 执行上述操作后，点击"突出细节"按钮。

03 进入"突出细节"页面，点击下方的"调整"按钮 莘，里面有 2 种参数可供调节，分别是"结构"与"锐化"。点击"结构"按钮。

点击"工具"按钮

点击"突出细节"按钮

点击"结构"按钮

04 向右滑动屏幕增强结构纹理，可使屋顶上的纹理更清晰，我们将"结构"调整为 +28。

05 点击下方的"调整"按钮 莘，点击"锐化"按钮，向右滑动屏幕增加照片锐度，可使整张照片细节更加突出，我们将"锐化"调整为 +15。

调整结构

调整锐化

06 完成照片的锐化后，最终效果如下图。

最终效果

12.4　使用滤镜一键调色

　　利用 Snapseed App 不仅可以对照片的色彩、细节、构图等进行调整，还可以通过其自带的滤镜库一键修图，可以快速地将平平无奇的照片变成艺术大片。下面介绍通过 Snapseed App 滤镜功能一键调色操作步骤。

01 在 Snapseed App 中打开一张照片，点击下方的"样式"按钮。

02 进入"样式"页面，里面有各种各样的滤镜效果可供选择。

03 选择一种滤镜效果，软件会自动计算套用滤镜预设。

点击"样式"按钮　　　　　　多种滤镜可供选择　　　　　　选择一种滤镜

04 完成照片的一键调色后，最终效果如下图。

最终效果

12.5　去除画面中的杂物

　　Snapseed App 中的"修复"工具可以帮助用户轻松快速地消除画面中的杂物，比如多余的行人、脏点等。操作方法也非常简单，下面介绍利用 Snapseed App 的"修复"功能去除杂物的操作步骤。

01 在 Snapseed App 中打开一张照片，点击下方的"工具"按钮。

02 执行上述操作后，点击"修复"按钮。

03 进入"修复"页面，两指向外滑动屏幕以放大图片，用手指涂抹需要去除的杂物，这里是一辆白色越野车。

点击"工具"按钮　　　　　点击"修复"按钮　　　　　　抹除目标杂物

04 完成照片的杂物去除后，最终效果如下图。

最终效果

12.6 给照片增加文字效果

在 Snapseed App 中，用户可以根据需要在照片中添加文字，增添海报效果。在照片中添加文字，可以让观者一眼看出拍摄者想要表达什么，还可以让照片更加精致。下面介绍为照片添加文字的具体操作步骤。

01 在 Snapseed App 中打开一张照片，点击下方的"工具"按钮。

02 执行上述操作后，点击"文字"按钮。

03 进入"文字"页面，点击下方的"样式"按钮 ，里面有多种字体样式可供选择，选择一种字体，之后在预览窗口中双击文字。

点击"工具"按钮

点击"文字"按钮

点击"样式"按钮

04 在文本框中输入文本，可以是主题也可以是情绪等。

05 点击下方的"不透明度"按钮 ，滑动滑块可调节文字的不透明度。

06 点击下方的"颜色"按钮 ，选择一种自己喜欢的颜色。

07 手指拖动文字可以移动位置，也可以改变字体大小。

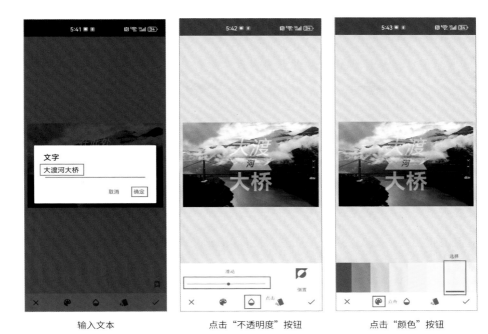

输入文本　　　　　　　　点击"不透明度"按钮　　　　　　　点击"颜色"按钮

08 完成照片的文字添加后，最终效果如下面右图。

移动文字位置　　　　　　　　　　　　　　最终效果

第 13 章

用 Adobe Premiere Pro 剪辑航拍视频

Adobe Premiere Pro，简称 PR，是一款适用于电脑的视频剪辑软件。PR 是视频编辑爱好者和专业人士必不可少的视频编辑工具，提供了采集、剪辑、调色、美化视频、字幕添加、输出、DVD 刻录的一整套流程，可以帮助用户产出电影级别的视频画面。PR 具有易学、高效、精确的特点，它可以提升你的创作能力的同时保留创作自由度，足以完成在编辑和制作上遇到的所有挑战，满足你创建高质量作品的要求。本章将以 Adobe Premiere Pro 为例，介绍一套完整的剪辑流程，帮助用户熟练掌握视频剪辑的核心技巧。

13.1 　新建序列号导入素材

　　在处理视频之前，首先要将视频素材导入 Adobe Premiere Pro 软件中。下面介绍将素材导入至轨道中的步骤。

01 首先，在电脑中找到 Adobe Premiere Pro 图标并双击打开。进入软件程序后，需要新建一个项目文件，在界面左上角找到"新建项目"图标并单击，进入新建项目界面。

新建项目

02 在新建项目界面中，我们可以看到多个分区，顶端的"项目名"和"项目位置"负责编辑输出的项目名称和输出的项目位置，用户可以根据自己的个人偏好进行名称和位置的设定。

新建项目界面

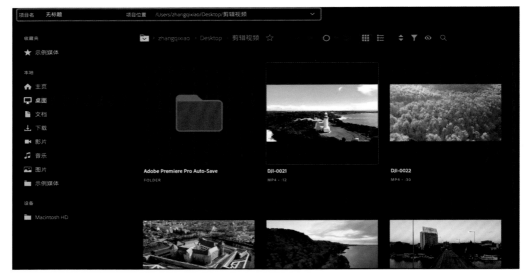

"项目名"及"项目位置"

03 在界面左侧的"本地"菜单栏中，找到想剪辑的视频素材。例如笔者的素材一般会保存在桌面上，所以这里选择的是"桌面"选项，然后在界面中间的缩略图区域选择一个或多个需要剪辑的视频素材（鼠标指针移动至缩略图上会出现一个正方形的区域，单击后显示☑即表示已选中该视频）。完成视频素材的选择后，单击界面右下角的"创建"按钮，完成新建项目。

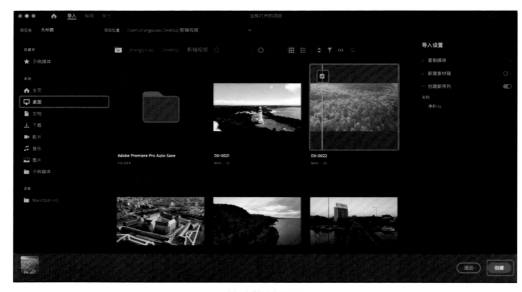

选择素材并完成创建

04 将视频文件导入到项目面板中，即可进入编辑界面。

编辑界面

13.2　编辑界面功能介绍

在编辑界面中可以看到，Adobe Premiere Pro 将操作的功能进行了整合区分，划分了几个大的功能区域。界面的布局可根据个人习惯进行自由搭配和位置调整。

常规界面布局的上端是节目模块，又称监视器模块，主要作用是查看视频素材画面。

节目模块

在节目模块左下角，可以看到一个"适合"选项栏，这里是控制画面在模块中的尺寸，尺寸大小为 10%~400% 不等。一般默认为"适合"选项。如有需要，可以根据节目模块在整个 Adobe Premiere Pro 界面中的占比来进行手动调整。

界面左下角区域为项目素材显示区，这里显示的是该项目中已经导入的素材内容及素材内容的源文件。

项目素材显示区旁边的"媒体浏览器"功能可以预览电脑中的其他素材。单击"媒体浏览器"并根据文件夹内容找到需要补充增加的视频素材，单击素材后根据菜单栏提示选择"导入"，即可将新素材导入至项目中。

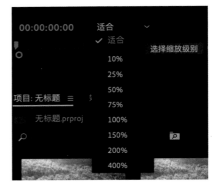

调整缩放级别

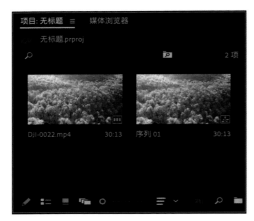

项目素材显示区

导入新素材

在界面的下端可以看到一个带有刻度尺和时间轴的区域，这里是轨道区域。其中紫色的部分就是视频轴，时间轴显示的是视频时长，"V1""V2"等表示不同的视频轴，多个视频素材可以放置在同一视频轴内，也可以并列放置在不同视频轴内。

轨道区域

13.3　去除视频背景音

只有去除了视频背景杂音，才能更好地为视频重新配乐。下面介绍去除视频背景音的步骤。

01 在导入了一段带有音频的视频素材后，可以看到 A1 轴上有一条绿色的轨道，它便是音频轴，也就是视频的背景音。

视频背景音

02 双击音频轴即可弹出操作选项栏，选择"清除"，即可删除视频的背景音，只留下视频画面。

选择"清除"

完成背景音清除

13.4　剪辑视频

在 Adobe Premiere Pro 软件中，利用"剃刀"工具可以方便快捷地裁剪视频，然后将不需要的片段删除。下面讲解将视频切割为几个片段的步骤。

01 在"工具"面板中选择"剃刀工具"，或者按快捷键"C"。

02 选中"剃刀工具"后，将鼠标指针移动至视频素材需要剪剪的位置，此时鼠标指针变成剃刀形状，单击即可将视频素材剪辑成两段，剪辑后原视频的时间轴上会出现一条黑色竖线，这表示此位置已被裁剪。如果有多个需要裁剪的地方，可以用同样的方法对视频素材进行多次切割。

剃刀工具

使用剃刀工具裁剪视频

03 如果需要删除某个视频片段，可以单击"选择工具"或按快捷键"A"切换鼠标指令模式，然后双击需要删除的片段，在弹出的菜单栏中选择"清除"或者按"Delete"键。

点击"选择工具"

选择"清除"

04 如果要将两段不连贯的视频连接在一起，那么需要用鼠标按住要移动的视频片段向左拖曳，直至与前一段视频贴合，使整条视频连贯播放。

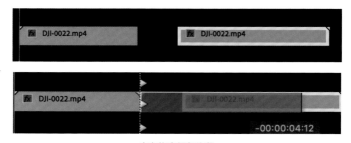

向左拖曳视频片段

使其与前一段视频贴合

13.5　调节画面色彩和色调

在 Adobe Premiere Pro 软件中编辑视频时，往往需要对素材的色彩和色调进行调整。如果觉得无人机航拍视频的原片显得较暗，整体有种"灰蒙蒙"的感觉，画面的色彩、对比度、亮度看起来不是很满意，就需要用到色彩和色调的调整。下面按步骤进行讲解。

01 在视频轴中选择需要调整色彩色调的视频素材。

选择视频素材

02 单击界面右上角的"工作区"图标，选择"颜色"选项，即可在主界面中打开"颜色"调整面板。

选择"颜色"选项

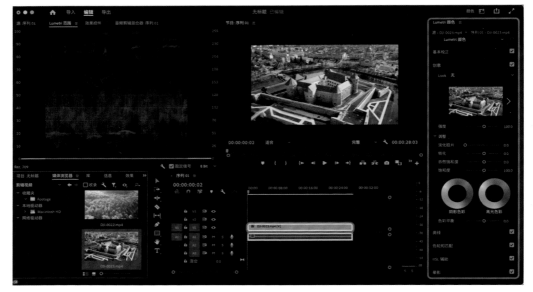

"颜色"调整面板

03 在颜色调整面板中找到"基本校正"选项并单击将其打开，即可看到视频常见的校正调参选项，包括"色温""色彩""饱和度"等。

"基本校正"界面

04 色温就是我们常说的冷色调和暖色调。向左滑动"色温"滑块，画面偏冷（蓝）；向右滑动"色温"滑块，画面则会偏暖（黄）。

05 除"基本校正"外，还有"创意""曲线""色轮和匹配""HSL 辅助""晕影"等多个面板，用于调整画面的色彩和色调。感兴趣的读者可以深入学习一下。

冷色调

暖色调

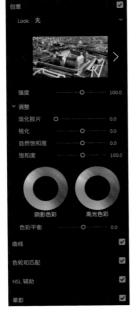

"创意"面板

"曲线"面板

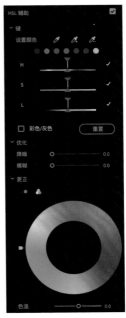

"HSL 辅助"面板

"色轮和匹配"面板　　　　　　　　　　"晕影"面板

13.6 添加字幕

在剪辑视频的过程中,往往需要通过增加文本内容来增强画面效果,起到介绍视频内容和丰富画面信息的作用。

01 在界面顶部的菜单栏中找到"序列"选项,单击"序列"—"字幕"—"添加新字幕轨道",即可完成字幕轨道的添加。添加完字幕轨道后,再单击"序列"—"字幕"—"在播放指示器处添加字幕",即可完成字幕的添加。

添加新字幕轨道

添加字幕

02 添加完字幕后，可以看到视频轴区域新增了一条黄色的轨道，这就是字幕轴。

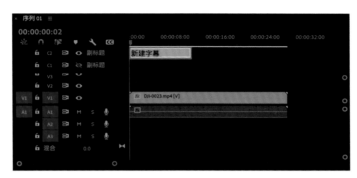

完成字幕添加

03 双击新添加的字幕轴，会弹出"字幕"编辑面板，在编辑面板中双击文字即可进入文字编辑模式，对字幕的文字进行编辑。

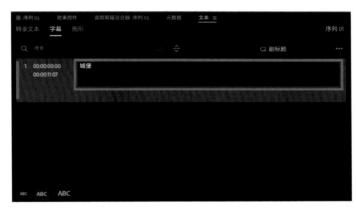

字幕编辑面板

04 文字编辑完成后，视频监视器中的画面会同步出现编辑好的字幕。

视频监视器中同步出现字幕

05 在编辑面板的右侧还可以选择文本的字体、字号、外观、颜色等。

文字编辑界面

13.7 添加背景音乐

在 Adobe Premiere Pro 软件中，音频与视频具有相同的地位，音频的好坏将直接影响视频作品的质量。下面介绍为视频添加背景音乐的操作步骤。

01 将背景音乐的音频文件导入"项目"面板中，拖曳音频文件至"A1"轴上，即可完成音频的导入。

导入后的音频文件

拖曳至音频轴上的音频文件

02 此时音频文件的时长稍微大于视频文件的时长，我们可以把鼠标指针放在音频轴的末端，当鼠标指针变成红色箭头时，单击并按住鼠标向左拖曳音频轴的最右端，直至音频轴的长度和视频轴长度一致。

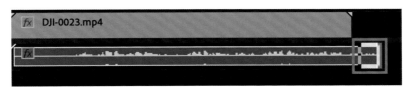

拖曳音频轴

改变音频文件的时长

13.8 输出与渲染视频成片

　　当用户完成一段视频的编辑并对视频内容感到满意时，可以将成片以多种不同的格式输出。在导出视频时，用户需要对视频的文件名、输出位置、预设、格式等选项进行设置。下面介绍输出与渲染视频的操作方法。

01 首先，在主界面的左上角点击"导出"选项，进入"导出"界面。

点击"导出"

02 "导出"界面中包含多个设置面板，逐一对设置面板中的内容进行检查修改。

"导出"界面

03 核对完要导出的信息后，单击界面右下角的"导出"按钮开始导出，导出完成后，会弹出"您的视频已成功导出。"的提示。

视频已成功导出

第 14 章

航点飞行及 D-Log M 视频制作

本章我们主要讲解两个知识点，分别是对航点飞行拍摄的视频进行合成，以及设定拍摄 D-Log M 视频并最终套用 LUT 预设进行调色。

14.1 航点飞行视频制作

之前我们已经讲解过航点飞行并拍摄了两段航点飞行的视频，下面我们基于这两段视频讲解后期制作的技巧。

14.1.1 载入航点视频

首先，在剪映软件中添加拍摄的两段航点飞行视频，之后将两段视频载入视频轨道，并进行对齐。

打开剪映软件，点击"开始创作"

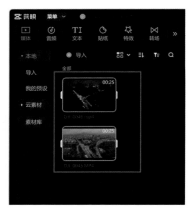

将两段航点飞行视频拖入媒体区

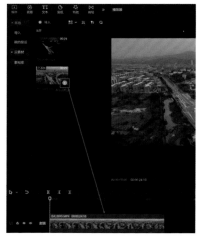

单击"添加到轨道"按钮将视频添加到视频轨道

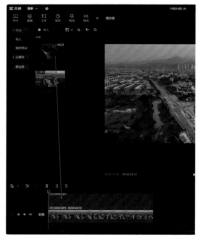

将夜景视频拖动到视频轨道的上方轨道上

对齐两段视频的开始位置

14.1.2　裁切航点视频

对上方轨道的视频进行分割，并删去分割出来的前一段视频。

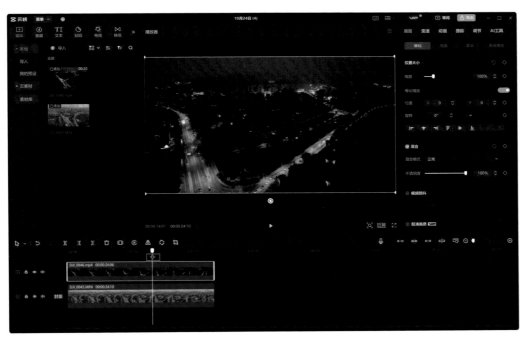

将播放指针放到视频中间偏右的位置

单击选中夜景视频，然后单击分割按钮，将视频分割

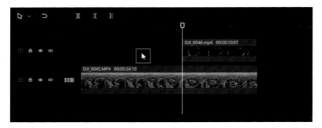

单击选中前半段视频，然后按键盘的"Delete"键删掉这段视频

14.1.3 创建透明度关键帧

在上方分割出后保留的视频中间位置附近创建关键帧，然后将这段视频开始位置的不透明度设为 0，这样视频就会有一个从透明到不透明的变化。

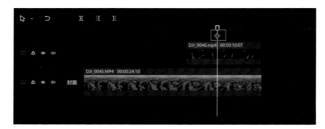

将播放指针放到夜景视频的中间位置附近

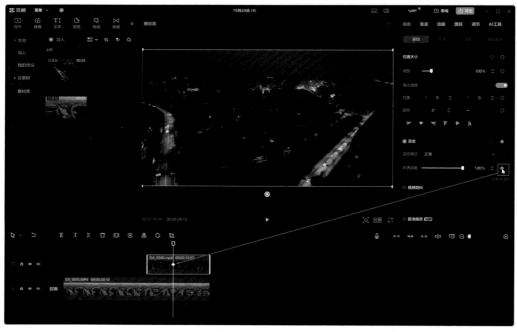

在右侧的"基础"面板中，单击"不透明度"选项右侧的关键帧按钮，创建一个关键帧

将播放指针放到上方夜景视频的开始位置，将不透明度设为 0

将播放指针放到两段视频右侧接近结束的位置，先单击夜景视频，然后单击分割按钮，再单击白天拍的视频，再单击分割按钮，然后选择分割出来的两段比较短的视频

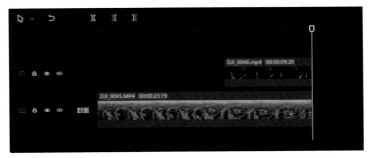

按键盘的"Delete"键将选择的末尾两段视频删掉

14.1.4 两段视频分别调色

为了追求更好的画面效果，要分别选中上下轨道中的视频进行调色处理。

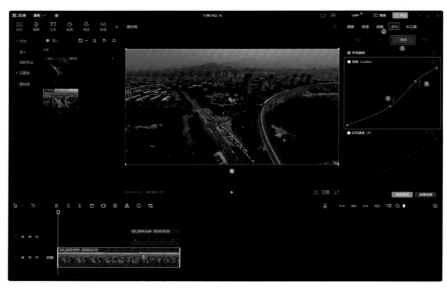

选中白天视频，在右侧切换到"调节"面板，选择"曲线"，在曲线中间位置单击创建一个锚点，并向下拖动压暗中间调，
然后在曲线的右上位置单击创建一个锚点，并向上拖动，通过这条轻微的 S 形曲线可以增强画面的反差

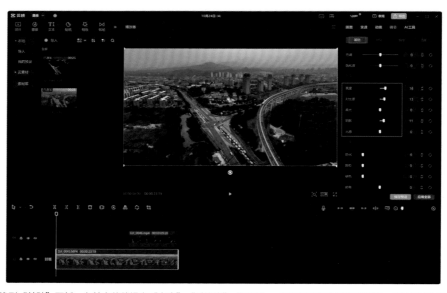

单击切换到"基础"面板，在其中稍稍提高"亮度""对比度""阴影"，使视频画面变得更加通透，并且色感也比较理想

单击选中夜景视频，将播放指针放到一个完全显示夜景画面位置，以便于观察。切换到"调节"面板，在其中提高
"亮度""对比度"和"阴影"的值，确保上方的夜景视频显示出更多的画面细节，使整体效果更理想

14.1.5　创建复合片段

同时选中两段视频，将其打包为一个复合片段。这样做的好处是可以对合成后的视频进行调
色或变速等处理，同时保证上下两段视频同步操作。

全选两段视频

单击鼠标右键，在弹出的菜单中选择"新建复合片段"

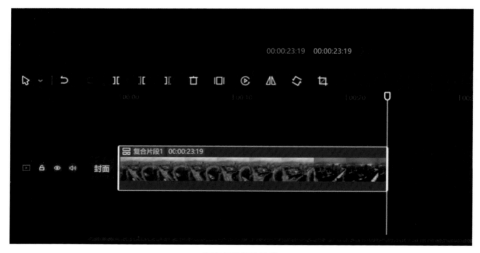

打包后的复合片段

14.1.6 调节视频播放速度并导出

当前的视频时间稍稍有些长，因此还需对视频进行变速。如果视频没有添加配音及字幕等处理需求，直接将视频导出即可。

单击选中复合片段，单击切换到"变速"面板，提高播放倍速，使视频播放加速，缩短视频播放时间

单击界面右上角的"导出"按钮，在打开的"导出"对话框中输入视频的名称，并设定视频保存的位置，勾选视频
"导出"，设定视频的"分辨率"为"1080P"，最后单击"导出"按钮，导出制作好的航点飞行视频

14.2　D-Log M 视频拍摄及调色

下面我们讲解 D-Log M 视频的拍摄方法，以及快速的调色技巧。

14.2.1　D-Log M 视频的拍摄

D-Log M 视频的拍摄是非常简单的。我们可以先切换到视频拍摄模式，然后进入拍摄菜单，在其中将色彩选项设定为"D-Log M"就可以拍摄了。

设定开启 D-Log M 拍摄功能

14.2.2　下载 D-Log M 对应的 LUT 文件

要对 D-Log M 色彩模式的视频进行调色，我们可以在剪映等软件中直接操作，也可以在大疆官网下载与 D-Log M 色彩模式对应的 LUT 文件，然后在软件中先套用 LUT 文件进行快速调色，之后再在 LUT 调色的基础上进行优化，从而得到更好的效果。

在大疆官网的下载中心，找到 DJI Mavic 3

在界面底部找到如图所示的 LUT 文件（扩展名为 .cube）并根据自己的系统点击对应的下载图标下载

14.2.3　套用 LUT 调色

　　将拍摄的 D-Log M 视频导入剪映软件，再将下载后的 D-Log M 调色 LUT 载入，并添加到轨道中，将 LUT 时长调整到与视频长度相同，就完成了初步调色。

将拍摄的 D-Log M 视频载入剪映软件，将视频拖动到视频轨道

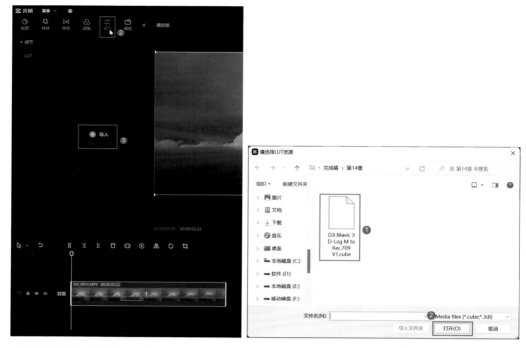

单击选中视频，在界面左上方点击"调节"，然后
在下方点击"导入"按钮

在打开的窗口中单击选择 LUT 文件，然后单击"打开"按钮，
将其载入剪映

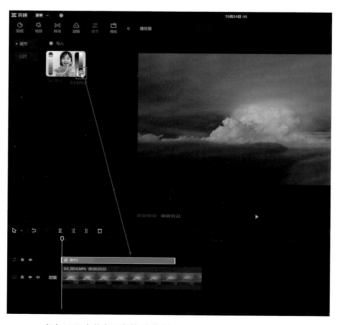

点击 LUT 文件右下角的"+"按钮，就可以将其添加到轨道上

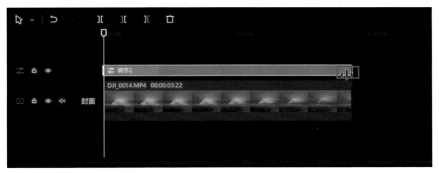

点住 LUT 文件结尾的竖线向右拖动，让 LUT 文件与视频长度相同，这样我们就完成了视频的 LUT 调色

将播放指针到某个位置，可以看到调色之后的画面效果好了很多，在剪映软件右侧我们也可以看到载入的 LUT 文件名称

14.2.4　对 LUT 调色效果进行优化

我感觉套用 LUT 后的调色效果有些过于艳丽，因此可在 LUT 调色的基础上进行手动调色，最终得到更好的画面效果。

D-Log M 视频经过 LUT 调色后，画面的效果变好，但是当前的画面饱和度有些高，特别是蓝色的饱和度。

切换到基础面板，降低"饱和度"值；降低"高光"值，避免最亮的部分高光溢出，提高"锐化"值，
提高"阴影"值，避免暗部过黑

切换到"HSL"面板，选择蓝色，降低"饱和度"值，降低"亮度"值。这样，蓝色的饱和度值就降下来了，
画面整体的通透度也比较理想

至此，我们就完成了 D-Log M 视频的最终调色，最后将视频导出就可以了。